W0263746

Medizinische Informatik und Statistik

Band 1: Medizinische Informatik 1975. Frühjahrstagung des Fachbereiches Informatik der GMDS. Herausgegeben von P. L. Reichertz. VII, 277 Seiten. 1976.

Band 2: Alternativen medizinischer Datenverarbeitung. Fachtagung München-Großhadern 1976. Herausgegeben von H. K. Selbmann, K. Überla und R. Greiller. VI, 175 Seiten. 1976.

Band 3: Informatics and Medecine. An Advanced Course. Edited by P. L. Reichertz and G. Goos. VIII, 712 pages 1977.

Band 4: Klartextverarbeitung. Frühjahrstagung, Gießen, 1977. Herausgegeben von F. Wingert. V, 161 Seiten. 1978.

Band 5: N. Wermuth, Zusammenhangsanalysen Medizinischer Daten. XII, 115 Seiten. 1978.

Band 6: U. Ranft, Zur Mechanik und Regelung des Herzkreislaufsystems. Ein digitales Simulationsmodell. XVI, 192 Seiten. 1978.

Band 7: Langzeitstudien über Nebenwirkungen Kontrazeption – Stand und Planung. Symposium der Studiengruppe „Nebenwirkungen oraler Kontrazeptiva – Entwicklungsphase", München 1977. Herausgegeben von U. Kellhammer. VI, 254 Seiten. 1978.

Band 8: Simulationsmethoden in der Medizin und Biologie. Workshop, Hannover, 1977 Herausgegeben von B. Schneider und U. Ranft. XI, 496 Seiten. 1978.

Band 9: 15 Jahre Medizinische Statistik und Dokumentation. Herausgegeben von H.-J. Lange, J. Michaelis und K. Überla. VI, 205 Seiten. 1978.

Band 10: Perspektiven der Gesundheitssystemforschung. Frühjahrstagung, Wuppertal, 1978. Herausgegeben von W. van Eimeren. V, 171 Seiten. 1978.

Band 11: U. Feldmann, Wachstumskinetik. Mathematische Modelle und Methoden zur Analyse altersabhängiger populationskinetischer Prozesse. VIII, 137 Seiten. 1979.

Band 12: Juristische Probleme der Datenverarbeitung in der Medizin. GMDS/GRVI Datenschutz-Workshop 1979. Herausgegeben von W. Kilian und A. J. Porth. VIII, 167 Seiten. 1979.

Band 13: S. Biefang, W. Köpcke und M. A. Schreiber, Manual für die Planung und Durchführung von Therapiestudien. IV, 92 Seiten. 1979.

Band 14: Datenpräsentation. Frühjahrstagung, Heidelberg 1979. Herausgegeben von J. R. Möhr und C. O. Köhler. XVI, 318 Seiten. 1979.

Band 15: Probleme einer systematischen Früherkennung. 6. Frühjahrstagung, Heidelberg 1979. Herausgegeben von W. van Eimeren und A. Neiß. VI, 176 Seiten, 1979.

Medizinische Informatik und Statistik

Herausgeber: S. Koller, P. L. Reichertz und K. Überla

15

Probleme einer systematischen Früherkennung

6. Frühjahrstagung, Heidelberg 1979
Fachbereich Planung und Auswertung
der Deutschen Gesellschaft für
Medizinische Dokumentation, Informatik
und Statistik e. V. — GMDS —

Herausgegeben von
W. van Eimeren und A. Neiß

Springer-Verlag
Berlin · Heidelberg · NewYork 1979

Reihenherausgeber
S. Koller, P. L. Reichertz, K. Überla

Mitherausgeber
J. Anderson, G. Goos, F. Gremy, H.-J. Jesdinsky, H.-J. Lange,
B. Schneider, G. Segmüller, G. Wagner

Bandherausgeber
W. van Eimeren
Institut für Medizinische Informatik
und Systemforschung
der Gesellschaft für Strahlen- und
Umweltforschung mbH
Arabellastr. 4 / III
8000 München 81

A. Neiß
Institut für Medizinische Statistik
und Epidemiologie
Technische Universität
Sternwartstr. 2 / II
8000 München 80

ISBN-13:978-3-540-09560-6   e-ISBN-13:978-3-642-81367-2
DOI: 10.1007/978-3-642-81367-2

2145/3140 - 5 4 3 2 1 0

VORWORT

Frühjahrstagungen der GMDS sind dadurch gekennzeichnet, daß ihre Themenstellungen eng umgrenzt sind. Dadurch entsteht ein relativ umfassender Überblick über den Stand der Forschung im gewählten Problembereich. Daß dadurch der Kreis der Angesprochenen automatisch kleiner wird, ist nicht notwendigerweise die Konsequenz, wie die 6. Frühjahrstagung in Heidelberg zeigte.

Der hier vorliegende Tagungsbericht faßt lediglich jene Vorträge zusammen, die zum vom Fachbereich Planung und Auswertung verantworteten Themenbereich "Methodische Probleme einer systematischen Früherkennung" gehörten. Die Beiträge zum Rahmenthema "Datenpräsentation" des Fachbereichs Medizinische Informatik werden in einem eigenen Band in dieser Serie des Springer-Verlags veröffentlicht.

Die in diesem Band veröffentlichten Beiträge der Frühjahrstagung beschäftigen sich überwiegend mit der Krebsfrüherkennung, nur einige Beiträge betreffen die Früherkennung von Herz-Kreislauf-Krankheiten. Dies stellt keinesfalls ein Abbild der laufenden Forschung dar, sondern entspricht der bereits im Call-for-papers vorgegebenen Strukturierung des Rahmenthemas: Überblicksreferate - Evaluierung der gesetzlichen Krebsfrüherkennung - Beiträge zur Verbesserung von Früherkennungsmaßnahmen.

Über den Informationsaustausch hinaus war es Tagungsziel, Methodiker, Epidemiologen und Kliniker in ein offenes Gespräch über den Stand der Früherkennung und die Chancen ihrer Weiterentwicklung zu führen. Dies erschien und erscheint immer noch dringend notwendig in einer Zeit, in der einerseits in der Öffentlichkeit die Früherkennung wesentlich häufiger wesentlich kritischer gesehen wird, als noch vor etwa 2 Jahren, andererseits in den nächsten Jahren das Forschungsförderungsprogramm der Bundesregierung "Forschung und Entwicklung im Dienste der Gesundheit" auch auf den Gebieten der Evaluierung und Verbesserung der Früherkennung weitere Impulse geben wird.

Prof. Dr. med. Wilhelm van Eimeren

München, den 25. Juli 1979

INHALTSVERZEICHNIS

                                                                    Seite

Krebsfrüherkennung
Stand der Erfahrungen in Nordamerika
U. Keil   1

Elemente einer Früherkennungsstrategie
W. van Eimeren   16

The simple economics of screening programs:
An application of decision analysis to medical screening
H.-W. Gottinger   27

Fehlermöglichkeiten bei der Planung und Auswertung von
Studien zur Effizienzmessung der gesetzlichen Früh-
erkennungsmaßnahmen
H.J. Jesdinsky   39

Möglichkeiten der Intensivierung der Krebsfrüherkennung
H.-W. Lüdke   46

Analyse des Teilnehmerverhaltens bei Krebsfrüherkennungsmaßnahmen
Ch. Brühne, F.W. Schwartz   51

Ergebnisse der gesetzlichen Früherkennung unter Effektivitätsgesichtspunkten
F.W. Schwartz, H. Holstein, J.G. Brecht   62

Zur Effektivität von Krebsfrüherkennungsuntersuchungen
Ein Beitrag aus dem Hamburger Krebsregister und der
Hamburger Krebsgesellschaft e.V.
G. Keding   76

Prospective evaluation of cervical cancer screening
in the Netherlands
An example of the use of simulation models
J.D.F. Habbema, G.J. van Oortmarssen, P.J. van der Maas,
G.A. de Jong   86

Wertigkeit der Sonographie in der Früherkennung von
Tumoren des Bauchraumes
H. Kremer, M.A. Schreiber   97

Krebsteste in der Erkennung und Verlaufsbeobachtung von
Malignomen
H.-J. Schmoll 104

Die Stellung methodischer Selektionsmechanismen und der
biologischen Dignität präinvasiver Karzinome bei der Auswertung der Überlebensraten des früherkannten und frühbehandelten Brustdrüsenkrebses
J. Gutsch, R. Burkhardt, G. Kienle 116

Seite

Methodische Probleme bei der Datenspeicherung und Auswertung von zytologischen Krebsfrüherkennungsuntersuchungen in der Gynäkologie
H. Zock, B. Bockmühl 129

Erkennung von Einflussfaktoren durch Kontingenztafelanalysen bei Früherkennungsuntersuchungen
H. v. Rechenberg 141

Steuerung von Aktivitäten in einem kommunalen Herzkreislauf-Vorsorge-Projekt
L. Buchholz, E. Kurz, W. Künnemann, E. Nüssel,
H. Bergdolt 151

Vereinfachung von EDV-Programmen zur Erweiterung des Benutzerkreises
R. Scheidt, B. Bausch, W. Morgenstern, L. Buchholz,
H.-J. Ebschner 162

<u>KREBSFRÜHERKENNUNG</u>
<u>STAND DER ERFAHRUNGEN IN NORDAMERIKA</u>

U. KEIL

1. Einführung

Im letzten Jahrzehnt hat die Zahl der Krebsfrüherkennungsprogramme
(KFEP) in Europa und Nordamerika zugenommen. Ein Grund dafür mag die
wachsende Erkenntnis gewesen sein, daß es in naher Zukunft weder bei
der primären Prävention der meisten Krebsarten noch bei der klinischen
Therapie derselben durchgreifende Erfolge geben wird. Zudem scheint
die Vorstellung, Krebs im Frühstadium zu erkennen, um damit die Prognose zu verbessern, einleuchtend und mit unseren Vorstellungen von der
Krebsgenese vereinbar.

So hat man den Eindruck, daß Gesundheitspolitiker und Ärzte in den
Krebsfrüherkennungsuntersuchungen (KFEU) eine Hauptwaffe zur Krebsbekämpfung sehen. Screening für Krebskrankheiten scheint ein direkter
Weg zur Krebskontrolle auf Bevölkerungsebene zu sein. An Schwierigkeiten sah man oft nur die mangelnde Teilnahme der Bevölkerung am Screening.

Inzwischen haben wir aber einsehen müssen, daß Krebsfrüherkennung (KFE)
kein einfacher Weg zur Krebsbekämpfung ist. Vielmehr hat sich in den
letzten Jahren herausgestellt, daß es sehr schwer sein wird, den Ge-
sundheitsstatus einer Bevölkerung durch KFE nachhaltig zu verbessern.

Hinzu kommt die Tatsache, daß die Evaluation von KFEP, d.h. die Beurteilung und Bewertung ihrer Wirksamkeit und Effizienz, ein schwieriger
Prozeß ist. Ohne Wirksamkeitsnachweis ist aber die Durchführung dieser
Programme nicht gerechtfertigt. [7] Die Erwartungen an die KFE sind also nicht mehr so hoch wie noch vor wenigen Jahren, aber die Hoffnung
auf kleine Fortschritte bei der Bekämpfung bestimmter Krebsformen ist
berechtigt.

<u>Zur Definition der KFE:</u>

1. Krebsscreening bzw. KFE bedeutet die Untersuchung großer nicht aus-
   gewählter Bevölkerungsgruppen mit einem oder mehreren relativ einfachen und möglichst billigen Screeningtests. Dabei geht es darum,

unter symptomfreien Personen diejenigen herauszufiltern, bei denen
die Wahrscheinlichkeit groß ist, daß sie die gesuchte Krebserkrankung haben.

2. KFE fällt in den Bereich der sekundären Prävention, wenn man das
   Schema der "Commission on Chronic Illness" benutzt und von primä-
   rer, sekundärer und tertiärer Prävention spricht. Tabelle 1 zeigt
   die Stufen der Prävention dargestellt am natürlichen Verlauf einer
   chronischen Krankheit. [6]

Tabelle 1 **:** Natürlicher Verlauf einer Krankheit und Stufen der Prävention. [7]

Verlauf der Krankheit	Gesundheit →	Präklinische Phase →	Klinische Phase →	Bestehende Schädigung →	Tod
Art der Prävention	Primäre Prävention	Sekundäre Prävention	Tertiäre Prävention		
Gesundheitsmaßnahmen	Gesundheitsförderung (unspezifisch) Gesundheitsvorsorge (spezifisch)	Krankheitsfrüherkennung (Screening, Filter untersuchung)	Rezidivprophylaxe	Rehabilitation	

Endgültiges Ziel der KFE ist die Verminderung von Morbidität und
Mortalität der betreffenden Krebsart in der Bevölkerung.

2. Was bedeutet Krebsfrüherkennung?

Gewöhnlich nimmt man an, daß eine durch Screening früherkannte Krebskrankheit erfolgreicher behandelt werden kann als ein erst nach Auftreten von Symptomen diagnostizierter Krebs. Dies scheint z.B. bei
Brustkrebs und Zervixkarzinom der Fall zu sein. [4,9] Daraus erklärt
sich das große wissenschaftliche und praktische Interesse an der KFE.

Für die KFE ist wichtig, daß die "erkennbare präklinische Phase" (EPKP)
eines Krebses eine hohe Prävalenz in der zu untersuchenden Bevölkerung
aufweist. Andernfalls werden zu wenige Fälle entdeckt, um das Screeningprogramm zu rechtfertigen. Die EPKP muß möglichst genau definiert werden, da sie von zentraler Bedeutung für Planung und Evaluation von KFEP
ist. In Abbildung 1 wird zwischen der "gesamten präklinischen Phase"
(GPKP) und der EPKP unterschieden. [2]

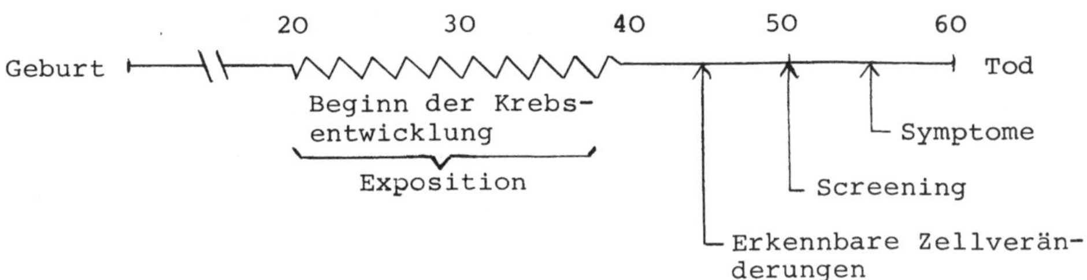

Zeitintervall	Alter	Dauer
1. Gesamte präklinische Phase	30-55	25 Jahre
2. Erkennbare präklinische Phase	45-55	10 Jahre
3. Beobachtete "lead time"	55-50	5 Jahre
4. Überlebenszeit nach Auftreten von Symptomen	60-55	5 Jahre
5. Überlebenszeit nach Entdeckung des Krebses durch Screening	60-50	10 Jahre

Abb.1: Graphische Darstellung der verschiedenen Zeitinter-
valle vom Beginn eines Krebses bis zum Auftreten
von Symptomen und Tod. (Nach Cole und Morrison) [2]

Die GPKP beginnt mit den allerersten malignen Veränderungen. Es liegt
auf der Hand, daß bei den meisten Krebsarten der Beginn dieser Phase
nicht genau bestimmt werden kann, da die malignen Veränderungen im Lau-
fe einer kontinuierlichen oder kumulativen Exposition auftreten. [2]

Die GPKP endet dann, wenn die betreffende Person wegen Symptomen den
Arzt aufsucht. Das Ende der GPKP ist also leichter festzulegen als ihr
Beginn. Aus Abbildung 1 ersieht man ferner, daß die EPKP ein Teil der
GPKP ist. Beide haben den gleichen Endpunkt, aber einen verschiedenen
Ausgangspunkt. Die EPKP beginnt, wenn der angewandte Filtertest den be-
treffenden Krebs erkennen könnte. Der Beginn der EPKP hängt also in ho-
hem Maße von der Empfindlichkeit des benutzten Filtertests ab.

Da die Prävalenz des Frühstadiums eines Krebses proportional zu seiner
Dauer ist (Prävalenz = Inzidenz x Krankheitsdauer), wird die Prävalenz
der EPKP erhöht, wenn ein Test benutzt wird, der die Krankheit in einem
früheren Stadium entdecken kann. Bei der ersten Filteruntersuchung ist

die Prävalenz der EPKP durch ihre Inzidenzrate und mittlere Dauer festgelegt. Kurz danach ist die Dauer der EPKP für die Prävalenz nicht mehr
so wichtig; vielmehr wird dieselbe zu diesem Zeitpunkt fast ganz von
der Inzidenzrate und der Empfindlichkeit des benutzten Screeningtests
bestimmt. [2]

Je mehr Zeit nach dem ersten Screening vergeht, um so mehr wird die
Prävalenz der EPKP wieder von ihrer Dauer beeinflußt. Wenn also auf die
erste Filteruntersuchung keine zweite folgt, wird die Prävalenz der
EPKP nach einiger Zeit wieder den Wert vor dem ersten Screening erreichen. Der Ertrag an neuen Fällen ist also beim ersten Screening am größten. Je kürzer die Zeiträume zwischen den einzelnen Filteruntersuchun-
gen sind, um so geringer wird der zu erwartende Ertrag an neuen Fällen
sein. Daraus ergibt sich die große Bedeutung für die Wahl eines "optimalen" Screening-Intervalls. Dies ist für verschiedene Krebsarten unterschiedlich und ein wichtiges Gebiet für die weitere Forschung. Z.B.
ist der weithin akzeptierte jährliche Papanicolaou-Test wissenschaftlich nicht gestützt. [5]

3. Anforderungen an einen Screening-Test

Für den Erfolg eines KFEP ist die Wahl einer geeigneten Krebskrankheit
und die Anwendung eines "guten" Screening-Tests von großer Bedeutung.
Der erste Punkt wird später eingehend besprochen.

Ein "guter" Screening-Test sollte eine hohe Sensitivität und Spezifität
und einen guten prädiktiven Wert aufweisen. Aus der folgenden Vierfeldertafel sind diese drei Validitätsmaße eines Screening-Tests zu berechnen.

Tab.2: Vierfeldertafel zur Erklärung der Begriffe
Sensitivität, Spezifität und positive Korrektheit.

		Erkennbare präklinische Phase des gesuchten Krebses		
		Ja	Nein	
Filtertest-ergebnis	Pos.	a	b	a+b
	Neg.	c	d	c+d
		a+c	b+d	N=a+b+c+d

Sensitivität = a / a+c

Spezifität   = d / b+d

Prädiktiver Wert des positiven Tests = a / a+b
(positive Korrektheit)

Unter der Sensitivität versteht man den Anteil von Personen mit der
EPKP des gesuchten Krebses, der vom Screening-Test entdeckt wurde. Unter der Spezifität versteht man den Anteil von Personen ohne die EPKP
des gesuchten Krebses, der vom Screening-Test korrekterweise auch als
negativ bezeichnet wurde.

Von einem Screening-Test erwartet man also, daß er Personen mit dem
Frühstadium der gesuchten Krankheit mit hoher Wahrscheinlichkeit als
positiv und solche ohne dieses Frühstadium mit hoher Wahrscheinlichkeit
als negativ einordnet. Unter dem prädiktiven Wert versteht man den Anteil von Personen mit richtig positivem Test an allen Personen mit positivem Test.

Die Prädiktion des positiven Tests ist von der Sensitivität und Spezifität und zusätzlich von der Prävalenz der EPKP abhängig. Auf die wirk-
liche Berechnung bzw. Schätzung von Sensitivität und Spezifität eines
Krebs-Screening-Tests kann hier aus Platzgründen nicht näher eingegangen werden. Aus der Vierfeldertafel wird allerdings ersichtlich, daß
die Berechnung der Prädiktion des positiven Tests wesentlich einfacher
ist, da nur die beim Screening Positiven nachuntersucht werden müssen.
Die beim Screening Negativen spielen zur Berechnung der positiven Korrektheit keine Rolle, wie aus der Formel a/a+b deutlich wird.

Die Abhängigkeit der Prädiktion von der Prävalenz bei gleichbleibender
Sensitivität und Spezifität wird in der folgenden Abbildung dargestellt.
[6]

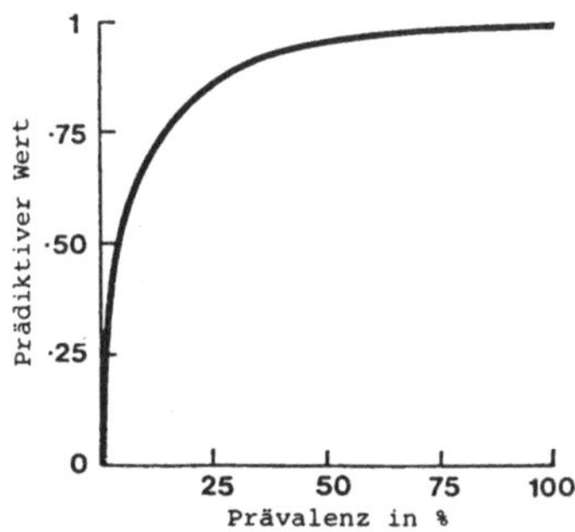

Abb. 2 : Beziehung zwischen Prävalenz und prädiktivem Wert eines Screening-Testes mit 95 %
Sensitivität und 95 % Spezifität. (Aus *D. J. P. Barker*, Epidemiology in Medical Practice. Chur-
chill, Livingstone, Edinburgh, London and New York 1976, S. 113) [6]

Die Formel zur Prädiktion des positiven Tests beruht auf Baye's Theorem
und lautet:

$$\text{Prädiktion des pos. Tests} = \frac{\text{(Prävalenz)(Sensitivität)}}{\text{(Präv.)(Sensitivität)}+\text{(1-Präv.)(1-Spezif.)}}$$

Da wir es bei Krebserkrankungen mit im epidemiologischen Sinne seltenen Erkrankungen zu tun haben, ist der niedrige prädiktive Wert vieler Früherkennungstests verständlich. [3]

Hier sei nur ein hypothetisches Beispiel eines Brustkrebsscreening gezeigt (siehe Tab.3). 100 000 Frauen wurden untersucht. Die entsprechende Vierfeldertafel sieht folgendermaßen aus:

Tab.3: Berechnung von Sensitivität, Spezifität und positiver Korrektheit eines Filtertests für Brustkrebsfrüherkennung. 100 000 Frauen wurden untersucht.

| | | Brustkrebs diagnostiziert | | |
		Ja	Nein	
Filtertest-ergebnis	Pos.	800	3009	3809
	Neg.	200	95991	96191
		1000	99000	100000

Die Sensitivität des Tests beträgt 80%, die Spezifität 97%, der prädiktive Wert 21% und die Prävalenz 1%.

Ein prädiktiver Wert von 21% bedeutet also, daß von 10 Frauen, die zur bioptischen Abklärung geschickt werden, 2 die Diagnose Brustkrebs aufweisen werden.

Wenn die Prävalenz nicht 1%, sondern 0,5% betrüge, würde der prädiktive Wert bei gleicher Sensitivität und Spezifität auf 12% fallen. [3]

Ein hoher prädiktiver Wert ist also <u>ein</u> Indikator dafür, daß ein KFEP funktioniert. Ein niedriger Wert bedeutet, daß der Test eine niedrige Spezifität hat oder daß eine Bevölkerung mit niedriger Prävalenz untersucht wurde oder daß beides der Fall ist. [2]

<u>4. Kriterien für die Aufnahme verschiedener Krebsarten in Früherkennungsprogramme bzw. periodische Gesundheitsuntersuchungen.</u>

Die kanadische Arbeitsgruppe für "Periodische Gesundheitsuntersuchungen" sah sich in den letzten 2 Jahren der Aufgabe gegenübergestellt, alle Krankheiten und Risikofaktoren in der kanadischen Bevölkerung daraufhin zu untersuchen, ob sie der primären und/oder sekundären Prävention zugänglich sind und für welche Krankheitszustände (KHZ) Früherkennungsmaßnahmen mehr Nutzen als Schaden erwarten lassen. [1]

Die Arbeitsgruppe versuchte diese Aufgabe aus klinisch-epidemiologischer

Sicht zu lösen.

Während ihrer zweijährigen Tätigkeit wurden 40 Experten aus verschiedenen Ländern befragt und eine Bibliographie von 900 relevanten Veröffentlichungen zusammengestellt, die bald allen Wissenschaftlern zugänglich sein wird. [1]

Von einer vorläufigen Liste von 140 Krankheits- oder Risikozuständen (KHZ) identifizierte die Arbeitsgruppe 77, die für Wert befunden wurden, eingehender evaluiert zu werden. Um festzustellen, ob eine Krankheit für ein FEP geeignet ist, beurteilte die Arbeitsgruppe den betreffenden KHZ nach 3 Gesichtspunkten:

1. Effektivität einer Intervention

2. Ausmaß des Leids, das von dem betreffenden KHZ hervorgerufen wird.

3. Güte der Früherkennungsmaßnahme bzw. des Filtertests.

Die Arbeitsgruppe entwickelte nun Kriterien für jeden der 3 Gesichtspunkte:

Hier zunächst die Kriterien für die Beurteilung der Effektivität einer Intervention:

Mit -I- wurde ein KHZ bewertet, für den wenigstens ein richtig geplanter randomisierter kontrollierter Versuch durchgeführt wurde und ein positives Resultat erbrachte.

Mit II-1 wurde ein KHZ bewertet, für den gut geplante Kohortenstudien oder Fall-Kontroll-Studien, möglichst von mehr als einem Zentrum oder einer Forschungsgruppe, vorliegen und ein positives Resultat erbrachten.

Mit II-2 wurde ein KHZ bewertet, für den Vergleiche zwischen verschiedenen Zeiten oder Orten mit oder ohne die betreffende Interventionsmaßnahme vorliegen und ein positives Resultat erbrachten.

Mit -III- wurde ein KHZ bewertet, für den nur Expertenmeinungen basierend auf klinischen Erfahrungen und deskriptiven Studien oder Ansichten von Expertenkomitees vorliegen.

Das Ausmaß des vom KHZ verursachten Leids wurde wie folgt beurteilt:

1. Ausmaß des Leids für das Individuum, meßbar an verlorenen Lebensjahren; Ausmaß an Behinderung und Schmerz; Bedeutung

für die Familie des Betroffenen; Kosten der Behandlung.

2. Bedeutung für die Gesellschaft meßbar an Mortalitäts- und Morbiditätsdaten und an den Kosten für die Behandlung.

<u>Die Güte des verfügbaren Früherkennungstests wurde nach folgenden Kriterien beurteilt:</u>

1. Risiko und Nutzen

2. Sensitivität, Spezifität und prädiktivem Wert

3. Sicherheit, Einfachheit, Kosten und Akzeptanz des Tests für die Bevölkerung.

Auf der Grundlage dieser Kriterien machte die Arbeitsgruppe Vorschläge, ob eine bestimmte Krankheit in eine periodische Gesundheitsuntersuchung aufgenommen werden sollte. Unter den 77 ausgewählten Krankheitszuständen waren <u>10 Krebskrankheiten</u>, deren Bewertung anschließend besprochen wird.

Als endgültige Empfehlung bezüglich Aufnahme oder Nicht-Aufnahme in eine periodische Gesundheitsuntersuchung wurde jede Krebskrankheit mit einem Buchstaben von A - E bewertet. A und B bedeuten Empfehlung, C heißt Unklarheit wegen mangelnder Daten. D und E stehen für Ablehnung.

In detaillierter Form lauteten die Empfehlungen folgendermaßen:

A. Es liegen gute Beweise vor für die Empfehlung, den betreffenden KHZ in periodische Gesundheitsuntersuchungen aufzunehmen.

B. Es gibt Gründe für die Empfehlung, den betreffenden KHZ in periodische Gesundheitsuntersuchungen aufzunehmen.

C. Es gibt keine Beweise für die Empfehlung, den KHZ in periodische Gesundheitsuntersuchungen aufzunehmen.

D. Es gibt relativ gute Gründe, den KHZ <u>nicht</u> für die Aufnahme in periodische Gesundheitsuntersuchungen in Erwägung zu ziehen.

E. Es gibt gute Gründe, den KHZ <u>nicht</u> für die Aufnahme in periodische Gesundheitsuntersuchungen in Erwägung zu ziehen.

4.1 <u>Empfehlungen der kanadischen Arbeitsgruppe bezüglich einzelner Krebsarten.</u>

Die kanadische Arbeitsgruppe wendete die beschriebenen Evaluationskriterien auf 10 verschiedene Krebskrankheiten an, nämlich

1. Brustkrebs
2. Zervixkarzinom
3. Kolon- und Rektumkarzinom
4. Bronchialkarzinom
5. Magenkrebs
6. Prostatakrebs
7. Blasenkrebs
8. Hautkrebs
9. Morbus Hodgkin
10. Mundkrebs

Sie kam zu folgendem Ergebnis:

1. Brustkrebsfrüherkennung erhielt die höchste Bewertung, nämlich A.
   Die Effektivität der Früherkennungsmaßnahmen wurde mit -I- bewertet.
   Es gilt als erwiesen, daß die Mortalität bei Frauen im Alter von
   50-59 Jahren durch Palpation und Mammographie reduziert wird. Diese
   Bewertung basiert besonders auf der HIP Studie von Shapiro, Strax
   und Vennet, die eine der wenigen randomisierten kontrollierten Stu-
   dien auf dem Gebiet der Krankheitsfrüherkennung ist. [8,9,11] Diese
   Studie konnte nur für Frauen im Alter von 50-59 Jahren zeigen, daß
   Brustkrebsfrüherkennung mit Palpation und Mammographie die Mortalität an dieser Krankheit vermindert.

2. Zervixkarzinomfrüherkennung wurde mit B bewertet. Die Effektivität
   der Früherkennungsmaßnahme erhielt die Bewertung II-1, da kein randomisierter kontrollierter Versuch vorliegt und die Beweise für die
   Wirksamkeit der Früherkennung und Behandlung auf Kohorten- und Fall-
   Kontroll-Studien und räumlichen und zeitlichen Vergleichen beruhen.
   [1,2,4]

3. Kolon- und Rektumkarzinomfrüherkennung wurde ebenfalls mit B bewer-
   tet. Die Wirksamkeit chirurgischer Behandlung im präsymptomatischen
   Stadium wurde mit I/II-2 beurteilt. Als Früherkennungstest wurde der
   Test auf okkultes Blut im Stuhl empfohlen. [1]

4. Bronchialkarzinomfrüherkennung wurde abgelehnt, da weder eine wirk-
   same Therapie noch ein sinnvoller Früherkennungstest vorhanden sind.
   Da Zigarettenrauchentwöhnung die wichtigste Präventionsmaßnahme bezüglich Bronchialkarzinom ist, wurden Raucherentwöhnungskuren evaluiert. Sie wurden aber nur mit D bewertet, weil bisher keine gut geplanten Studien vorliegen, die ihre Wirksamkeit nachweisen. [1]

5. Magenkrebsfrüherkennung wurde mit C bewertet. Hinweise für die Wirksamkeit von Früherkennungsmaßnahmen wie z.B. Gastroskopie, Magen-

schleimhautzytologie u.a. wurden mit III bewertet, da sie nur auf
Expertenmeinungen beruhen und gut geplante Studien bisher nicht vorliegen. [1]

6. Prostatakrebsfrüherkennung wurde ebenfalls mit C bewertet. D.h. es
   gibt zur Zeit keine Hinweise dafür, daß Früherkennung mit anschlies-
   sender Behandlung mehr Nutzen als Schaden bringt. An Früherkennungsmaßnahmen wurden die digitale Untersuchung per Rektum, die Prostata-
   massage mit zytologischer Untersuchung und die Bestimmung der sauren
   Serumphosphatase evaluiert. [1]

7. Blasenkrebsfrüherkennung erhielt die Bewertung D, d.h. die zytologische Analyse des Urins wurde als nicht valide Früherkennungsmaßnahme
   angesehen. Die Behandlung des Blasenkrebses wurde dagegen mit II-1
   bewertet. [1]

8. Hautkrebsfrüherkennung für die gesamte Bevölkerung wurde ebenfalls
   mit D bewertet. Die Früherkennung bei bestimmten Risikogruppen, d.h.
   gegenüber Sonnenlicht und polyzyklischen aromatischen Kohlenwasser-
   stoffen exponierten Arbeitern, wurde mit B bewertet. [1]

9. Früherkennung von Morbus Hodgkin wurde mit C bewertet. [1]

10. Die Mundkrebsfrüherkennung wurde ebenfalls mit C bewertet. [1]

Von den FEU für die genannten 10 Krebskrankheiten erhielt die Brustkrebsfrüherkennung die höchste Bewertung, gefolgt von Zervix- und Kolon-
Rektum-Karzinomfrüherkennung.

Magenkrebs, Prostatakrebs, Mundkrebs und Morbus Hodgkin sind nach An-
sicht der kanadischen Arbeitsgruppe bisher der Krankheitsfrüherkennung
nicht zugänglich.

Blasen- und Hautkrebs sind ebenfalls noch nicht für Früherkennungsprogramme geeignet. Bei Hautkrebs ist aber das Screening von Risikogruppen
zu erwägen. Raucherentwöhnungskuren sind bisher noch nicht validiert,
so daß sie als Maßnahme der primären Prävention des Bronchialkarzinoms
innerhalb von periodischen Gesundheitsuntersuchungen noch nicht empfohlen werden können.

Bezüglich der Häufigkeit der Untersuchungen und der günstigsten Altersgruppe für Beginn und Ende der FEU bestehen auch für die Krebsarten mit
der höchsten Bewertung noch keine wirklich gesicherten Ergebnisse.

Trotzdem hat die Arbeitsgruppe in ihren Empfehlungen für periodische
Gesundheitsuntersuchungen Angaben über Altersgruppen und Untersuchungs-
häufigkeit gemacht. [1,10]

4.2 Empfehlungen der kanadischen Arbeitsgruppe bezüglich Häufigkeit und Integration der KFEU in die medizinische Versorgung.

Die kanadische Arbeitsgruppe lehnt den in Nordamerika populären "routine annual check-up" aus mehreren Gründen ab:

1. Die jährliche ärztliche Untersuchung mit Anwendung verschiedener Tests steht in keiner vernünftigen Beziehung zum Bedarf der verschiedenen Altersgruppen.

2. Es werden Tests und Untersuchungsverfahren angewandt, deren Wirksamkeit nicht bekannt ist.

3. Das jährliche Intervall ist willkürlich gewählt.

4. Der "routine annual check-up" wird von den höheren sozioökonomischen Gruppen, die den geringsten Bedarf haben, am häufigsten in Anspruch genommen.

Aus diesem Grunde ist es besser, für bestimmte Altersgruppen häufige und bedeutsame Krankheiten zu definieren; zu evaluieren, ob sie verhütbar oder behandelbar sind, die entsprechenden Tests auszuwählen und diese Maßnahmen der sekundären Prävention in die allgemeine medizinische Versorgung zu integrieren.

Bezüglich Altersgruppen und Häufigkeit der Durchführung der verschiedenen KFEU machte die Arbeitsgruppe folgende Vorschläge:

1. Brustkrebsfrüherkennung: Palpation und Mammographie in der Altersgruppe 50-59 einmal pro Jahr. [1,10]

2. Zervixkrebsfrüherkennung: Der erste Papanicolaou-Test sollte durchgeführt werden, wenn eine Frau sexuell aktiv wird; nach einem Jahr sollte er wiederholt werden. Danach sollte der Test bis zum 34. Lebensjahr in dreijährigen Abständen und dann nur noch in fünfjährigen Abständen durchgeführt werden. [1,2,5]

3. Kolon-Rektum-Karzinomfrüherkennung: Der Guajak-Test auf okkultes Blut sollte ab dem 45. Lebensjahr jährlich durchgeführt werden. [1]

4. Inspektion für Hautkrebs sollte ab dem 20. Lebensjahr nur für Risikogruppen und nicht über das 64. Lebensjahr hinaus durchgeführt werden. [1]

4.3 Vergleich der Empfehlungen der kanadischen Arbeitsgruppe mit der Praxis der Krebsfrüherkennung in der BRD.

Wie stimmen nun diese Empfehlungen der kanadischen Arbeitsgruppe mit den Verhältnissen in der BRD überein? Bei uns gibt es seit 1971 KFEU.

Diese umfassen zur Zeit für Frauen ab dem 30. Lebensjahr FEU für Brustkrebs (ohne Mammographie), Zervix-, Rektum-, Nieren-, Harnwegs- und Hautkrebs und ab dem 45. Lebensjahr Kolonkrebs. Die Empfehlung lautet: eine Untersuchung pro Jahr. [6]

Für Männer ab dem 45. Lebensjahr umfassen die KFEU Prostata-, Kolon- und Rektum-, Nieren-, Harnwegs-, Genital- und Hautkrebs. Die Empfehlung lautet auch hier: eine Untersuchung pro Jahr. [6]

Bei Prostata-, Nieren-, Harnwegs-, Genital- und Hautkrebs bestehen also offenbar die größten Diskrepanzen zwischen den Auffassungen der kanadischen Arbeitsgruppe und den Verhältnissen in der BRD. Die Früherkennung von Nieren- und Genitalkrebs wird von der kanadischen Arbeitsgruppe gar nicht in Erwägung gezogen.

Bei Brust-, Zervix- und Kolonkrebs besteht offenbar die größe Übereinstimmung, wobei aber nur für Kolonkrebs die gleichen Vorstellungen bezüglich Beginn und Untersuchungsintervall bestehen. Bezüglich Brust- und Zervixkrebs hat die kanadische Arbeitsgruppe wesentlich andere Vorstellungen hinsichtlich Beginn und Untersuchungsintervall als die für die KFE in der BRD Verantwortlichen.

5. Forschungsschwerpunkte für die weitere Entwicklung von KFEP.

Die zweijährige Tätigkeit der kanadischen Arbeitsgruppe hat offenbart, daß die meisten Empfehlungen nicht auf randomisierten Studien oder analytischen epidemiologischen Untersuchungen, sondern meist auf Expertenmeinungen beruhen. Daraus wird deutlich, wie schwach bisher noch die wissenschaftliche Basis der Krankheitsfrüherkennung ist. Die Arbeitsgruppe definierte deshalb Forschungsschwerpunkte, die für die weitere Entwicklung der KFE von besonderer Bedeutung sind:

1. **Efficacy.** Die Frage lautet hier: Führt die Früherkennung der Krankheit unter denen, die sich einer Behandlung unterziehen, zu verminderter Morbidität und Mortalität?

2. **Effektivität.** Die Frage lautet hier: Nutzt die Früherkennung dem Personenkreis, dem sie angeboten wird? (Es wird meist ein Vergleich mit Personen, die die routinemäßige medizinische Versorgung in Anspruch nehmen, durchgeführt.)

3. **Effizienz.** Die Frage lautet hier: Wird der Test den Personen, die Gewinn davon haben könnten, mit optimaler Nutzung der verfügbaren Ressourcen angeboten?

4. <u>Häufigkeit der Durchführung von Früherkennungstests.</u> Wenn ein FE-
   Test für einen behandelbaren Krebs negativ ausfällt, wie bald sollte
   er dann wiederholt werden? Bisher wissen wir zu wenig über die Elemente einer solchen Entscheidung wie z.B. die Inzidenz an neuen
   Krankheitsfällen in den Screeningintervallen und den natürlichen Verlauf der betreffenden Krankheit. Es ist wahrscheinlich, daß die optimalen Intervalle für Screeningtests von Krankheit zu Krankheit sehr
   verschieden sind (z.B. Zervixkrebs länger als Brustkrebs).

5. <u>Untersuchungen zur Effektivität von Maßnahmen der Gesundheitserziehung,</u> z.B. Raucherentwöhnungskuren.

6. <u>Untersuchungen über die Bedeutung der Verursachung von Falsch-Posi-
   tiven</u> für die so Bezeichneten und ihre Familien!

7. <u>Güte und Charakteristika des Screening-Tests:</u> Sensitivität, Spezifität, prädiktiver Wert, Akzeptanz, Kosten.

Eine Rolle spielen hierbei auch folgende Fragen: Wann kann oder muß ein
Test durch einen besseren ersetzt werden? Wieviel zusätzliche Information bringt ein 2. Test bei der Suche nach einer Krankheit (z.B. Mamma-
palpation + Mammographie)?

<u>6. Nachteilige Folgen von Krebsfrüherkennungsprogrammen.</u>

Während bei den Diskussionen über die Probleme der Krebsfrüherkennung
die Effektivität und Effizienz verschiedener Programme in Frage gestellt
wurden, hat man den möglichen negativen Effekten von KFEU bisher kaum
je größere Aufmerksamkeit geschenkt. Neben dem Nutzen, den ein KFEP
bringen kann, indem es Morbidität und Mortalität vermindert, entstehen
aber auch Kosten und nachteilige Folgen für den Gesunden. [11]

Wie wir schon sahen, kann jede Person, die an einem Krebs-Screening
teilnimmt, einem der Felder der Vierfeldertafel zugeteilt werden, je
nachdem ob sie beim Screening-Test positiv oder negativ ist und bei der
nachfolgenden endgültigen Diagnose die betreffende Krankheit diagnostiziert wird oder nicht. In der Praxis werden dagegen Personen in den Fel-
dern c und d oft erst Monate oder Jahre nach dem Screening voneinander
unterschieden werden können. [2]

Personen in der Kategorie d, d.h. richtig Negative, sollten eigentlich
einen Gewinn von der Teilnahme haben: sie haben die betreffende Krankheit nicht oder noch nicht und wissen es jetzt. An Unbequemlichkeiten
zählt für sie nur die Tatsache, daß sie sich dem Test unterziehen mußten.

Die Kosten sind dagegen in unserem Gesundheitssystem für den einzelnen nicht einsehbar. Daß diese Betrachtungsweise aber zu einfach ist, sieht man am Beispiel der Mammographie; hier können auch die richtig negativen Personen auf die Dauer Schaden erleiden. [2, 11]

Auch bei den richtig Positiven liegen die Verhältnisse etwas komplizierter als man zunächst annimmt; denn eine Person in Kategorie a hat nur dann einen Gewinn, wenn ihr Leben verlängert oder verbessert wird. Dabei muß man in Betracht ziehen, daß richtig positive Personen sich früher einer Operation oder Behandlung unterziehen werden und deshalb länger krank sein können, als wenn sie nicht an diesem Programm teilgenommen hätten. Man denke z.B. an Kolostomie, Mastektomie, Prostataoperation. Wenn eine richtig positive Person dann zur gleichen Zeit oder wenig später stirbt als es ohne Teilnahme am Screeningprogramm geschehen wäre, handelt es sich um die Verlängerung eines schweren Leidens, die nicht durch eine bedeutsame Verlängerung des Lebens kompensiert wird. [2]

Deshalb hat man bei KFEU oft den Eindruck, daß sie für viele Personen zu einer verlängerten Leidenszeit führen, damit wenige Personen einige Lebensjahre gewinnen. [2]

Der Schaden für die falsch Positiven und falsch Negativen ist offensichtlich aber sehr schwer zu quantifizieren. Auf jeden Fall wäre es besser gewesen, wenn diese Personen nicht an dem KFEP teilgenommen hätten.

Aus diesen Ausführungen wird deutlich, daß es naiv ist, zu glauben, Krebsfrüherkennung habe nur gute Seiten. Vielmehr handelt es sich beim Krebsscreening, um mit Cole zu sprechen, um ein "zweischneidiges Schwert". Deshalb muß alles getan werden, um den Nutzen der KFEP zu maximieren und die Kosten und negativen Effekte dieser Programme möglichst gering zu halten. [2]

Leider kann hier auf Probleme der Evaluation von KFEP aus Platzgründen nicht eingegangen werden. [7]

Literatur

[1]   Canadian Task Force on Periodic Health Examinations: Report of the Canadian Task Force on the Periodic Health Examination. (In print) 900 Literaturstellen.

[2]   Ph.Cole, A.S.Morrison: Basic Issues in Cancer Screening. Paper presented at the U.I.C.C. Workshop on Screening. Toronto, Canada, April 24-27, 1978.

[3]   R.S.Galen, S.R.Gambino: Beyond Normality. The predictive value and efficiency of medical diagnosis. John Wiley and Sons, New York, 1975.

[4]   G.Johannesson, G.Geirsson, N.Day: The effect of mass screening in Iceland 1965-74, on the incidence and mortality of cervical carcinoma. International J. Cancer 21, 418-425, 1978.

[5]   A.M.Foltz, J.L.Kelsey: The annual Pap Test. A dubious policy success. Milbank Memorial Fund Quarterly / Health and Society. Vol. 56, No 4, 426-462, 1978.

[6]   U.Keil: Theorie und Praxis der Präventivmedizin. Aus: Ökologischer Kurs, Teil Sozialmedizin (Ed.: M.Blohmke), 103-124. Enke Verlag, Stuttgart 1979.

[7]   U.Keil: Die Rolle der Epidemiologie bei der Evaluation der medizinischen Versorgung der Bevölkerung. Aus: Sozialpathologie. Epidemiologie in der Forschung. Band 61, 95-109. Schriftenreihe Arbeitsmedizin, Sozialmedizin, Präventivmedizin. A.W.Gentner, Stuttgart 1976.

[8]   S.Shapiro, P.Strax, L.Venet: Evaluation of periodic breast cancer screening with mammography: methodology and early observations. J. Amer. Med. Ass. 195, 731-738, 1966.

[9]   S.Shapiro: Evidence on screening for breast cancer from a randomized trial. Cancer 39, 2772-2782, 1977.

[10]   S.Shapiro, J.D.Goldberg, G.B.Hutchinson: Lead time in breast cancer detection and implications for periodicity of screening. Am. J. Epidemiology 100, 357-366, 1974.

[11]   S.O.Thier: Breast-cancer screening. A view from outside the controversy. N. Engl. J. Med. 297, 1063-1065, 1978.

ELEMENTE EINER FRÜHERKENNUNGSSTRATEGIE

W. van Eimeren

Der Betrachter der aktuellen Situation in der Vorsorge lenkt vor allem sein Augenmerk auf die problematische Lage der gesetzlichen Vorsorgemaßnahmen. Die niedrigen Beteiligungsquoten mit rund 26% bei den teilnahmeberechtigten Frauen und etwa 14% der teilnahmeberechtigten Männer, die dabei noch ganz geringen Ausschöpfungsraten mit weitgehend unbekanntem, aber sicher nicht vernachlässigtem Anteil der falsch-positiven Befunde sowie die Frage, wie viele dieser "entdeckten" Fälle nicht auch ohne dieses Programm entdeckt worden wären, macht die Forderung nach einer methodologisch fundierten Einführung von Vorsorgemaßnahmen zwingend.

Die Epidemiologie stellt mit der Definition von Problembereichen und Risikogruppen das Basiswissen zur Vorsorge.

Mindestens so wichtig sind die Fragen des diagnostischen Instrumentariums: ihre Entwicklung, die Auswahl nach Trennschärfe, Robustheit, Zumutbarkeit für den Patienten, Praktikabilität und ihre Kosten.

Mindestens so wichtig sind die Chancen der Präventiv-Maßnahmen, d.h. ihr Erfolg, ihre Kosten und deren Verhältnis zu Erfolg und Kosten einer konventionellen kurativen Medizin. Dies gilt übrigens auch nach Einführung einer Vorsorgemaßnahme, da sich einerseits ihr Erfolg unter Umständen mit der Dauer verändert, andererseits der konventionell kurativen Medizin andere diagnostische oder therapeutische Verfahren zur Verfügung stehen könnten.

Mindestens so wichtig sind die Fragen nach der besseren Plazierung der Vorsorge im Bewußtsein der Öffentlichkeit und im Ablauf ihres Alltags, also Fragen der Motivation und Organisation.

Mindestens so wichtig ist die gemeinsame Betrachtung aller laufenden Maßnahmen, um so das Ausmaß der Belästigung und Beunruhigung (Anteil falsch-positiver und Anteil therapieresistenter Fälle) methodisch eindeutig im Griff zu halten und nicht Gefahr zu laufen, eine Mühle zu erzeugen, aus der kaum noch einer entrinnt. Man trage in Gedanken nur alle bisher für Vorsorgemaßnahmen vorgeschlagenen Problembereiche zusammen und stelle sich dazu den jährlichen Terminkalender vor, wenn keine Integration erfolgt.

Mindestens so wichtig ist andererseits, daß die Vorsorge sich nicht aus den betroffenen klinischen Bereichen herauslöst. Einerseits ist die Arztkonsultation der natürlichste Anlaß zu einer erweiterten vorsorglichen Untersuchung. Andererseits ist die klinische Erfahrung der natürlichste Nährboden für diagnostisch-therapeutische Verbesserungen und verspricht eher, daß die Prophylaxe in Aufwand und Erfolg gegenüber der kurativen Medizin realistisch eingeschätzt wird.

Letzteres kann allerdings nicht ausschließlich dem Eindruck und Gutdünken überlassen bleiben, so daß mindestens so wichtig eine zusammenfassende Beurteilung des Ganzen, d.h. also sowohl der vorsorglichen wie konventionell kurativen Medizin im Sinne einer Gesundheitssystemforschung erscheint.

Schließlich sind so umfangreiche Programme, wie sie bundesweite Vorsorgemaßnahmen darstellen, mit den vielseitigen Problemen methodischer und organisatorischer Art ohne eine professionell geplante und durchgeführte Dokumentation und Auswertung mit Hilfe der EDV nicht realisierbar.

Akzeptiert man im wesentlichen das bisher vorgetragene Bild der Aufgaben und Probleme einer Vorsorge-Medizin, so läßt dies folgende Zusammenfassung zu:
Wie die Abbildung 1 noch einmal symbolisch darstellen soll,ist Vorsorge ein facettenreiches Gebilde: die verschiedenen Problembereiche werden durch unterschiedliche methodologische und organisatorische Aspekte verklammert. Logische Konsequenz und Forderung: eine methodologisch ausgerichtete, klinisch integrierte Vorsorge-Medizin.

Abb. 1

SCHEMA EINER METHODOLOGISCH AUSGERICHTETEN KLINISCH INTEGRIERTEN VORSORGE-MEDIZIN

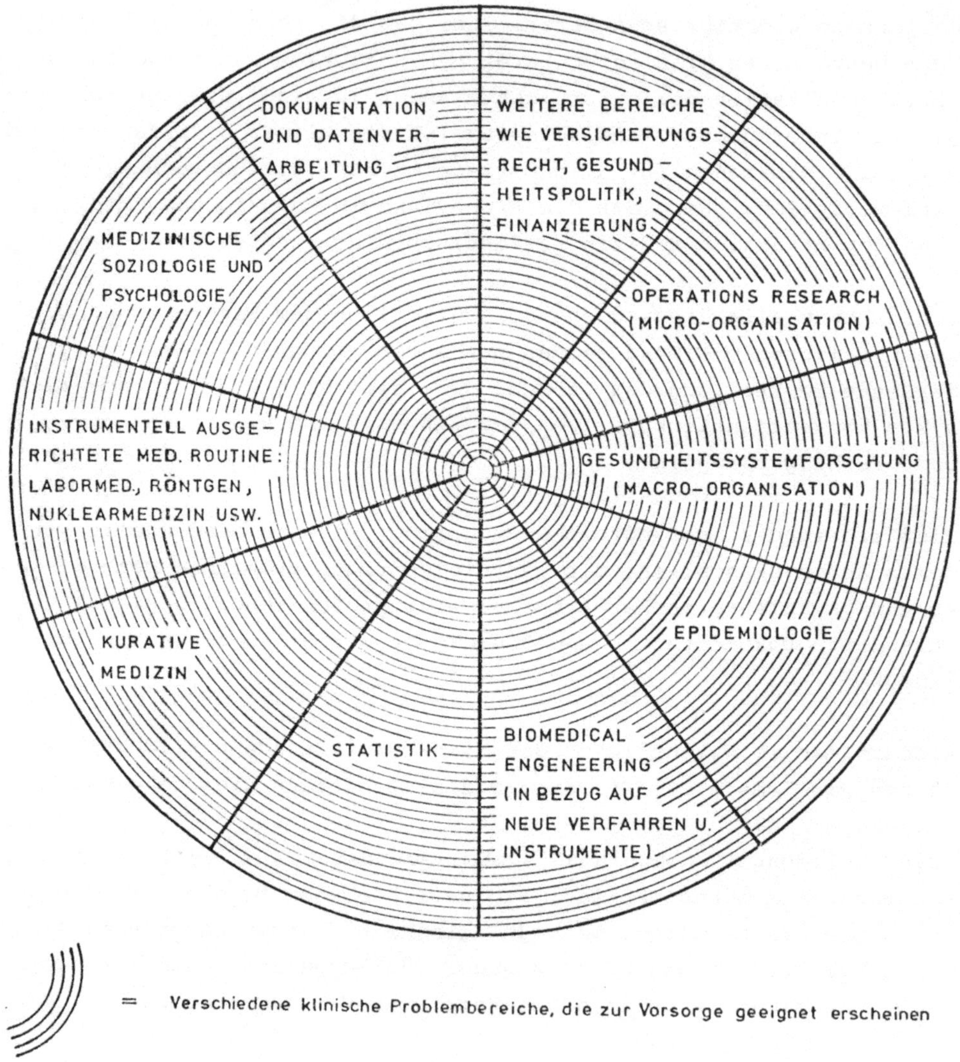

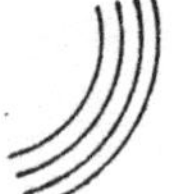

= Verschiedene klinische Problembereiche, die zur Vorsorge geeignet erscheinen

In der Abbildung 2 soll anhand des formalen Screening- Ablaufs
einer einzigen Vorsorge - Untersuchung eine erste Zusammen-
stellung der wichtigsten Probleme gegeben und ihre Lokalisation in
Erinnerung gerufen werden: Eine jede Vorsorge-Untersuchung auf ge-
setzlicher Basis wird schon zur Begrenzung des Aufwandes den Kreis
der zu Untersuchenden einschränken. Methodisch ist eine solche Definition einer Risikogruppe nichts eigenständiges, sondern ein Teil
des gesamten Trennverfahrens. Die Trennung von Teilnahmeberechti-
gungs- unt Untersuchungskriterien ist die einfachste Form einer mehrstufigen Strategie. Als Teil der Strategie entscheidet somit auch die
Definition der Risikogruppen mit über Größe, Kosten und Erfolg des Ge-
samtprogramms. Es ist somit auch kein Problem, daß gleichsam akade-
misch ohne Berücksichtigung eines konkreten Programms beurteilt werden
kann. Von den aufgerufenen Berechtigten eines Programms nehmen nur bestimmte Anteile teil. Zur Zeit leider sehr wenige, so daß in letzter
Zeit immer stärker Probleme der Motivation zur Forschung vorgeschlagen
werden. An dieser Stelle ist methodisch natürlich auch die Frage der
Selektion zu diskutieren, also ob die Zusammensetzung der Nichtteil-
nehmer sich entweder bezüglich der gesuchten Erkrankung und/oder bezüglich der Finde-Wahrscheinlichkeit im Sinne der Trennungsschärfe des
Verfahrens sich von der der Teilnehmer unterscheidet.

Schließlich treten anläßlich der erfolgten Untersuchung die Probleme
auf, die mit den Begriffen Sensitivität und Spezifität verknüpft werden. Praktisch wichtiger jedoch ist die Interferenz dieser Größen mit
der Prävalenz des gesuchten Phänomens in der untersuchten Bevölkerung.
Zum Beispiel führt eine Prävalenz von $1^{o/oo}$, also nur einer von tau-
send sei krank, bei einer Sensitivität von 0,8 (also 80% der Kranken
werden auch als krank erkannt) und einer Spezifität von 0,995 (also
nur 5 von 1000 Gesunden werden fälschlicherweise für krank gehalten)
dennoch dazu, daß nur jeder siebte der als krank beurteilten wirklich
krank wäre: Die positive Korrektheit wäre also mit ungefähr 0,14 relativ sehr niedrig.

Ich werde nachher nochmal näher auf diesen Aspekt eingehen. Soviel sei
hier erwähnt, daß anbetracht solcher Zahlenspiele deutlich wird, welche Bedeutung mehrstufige Strategien bekommen, die sozusagen die Prävalenz im Untersuchungsgut von Stufe zu Stufe anreichern.

Danach stellt sich das Problem der Teilnahme an weiteren Untersuchungen und auch an der vorgesehenen Prophylaxe bzw. Therapie. Auch hier sind genauere Zahlen unbedingt notwendig, wenn eine abschließende Bewertung eines Vorsorge-Programms sinnvoll erscheinen soll. Das gleiche gilt für die Erfolgsquoten der konventionellen Therapie: letztendlich entscheidet das Erfolgs-Mißerfolgsverhältnis auf dieser letzten Ebene über die Effektivität eines Programmes. Es wäre falsch, eine Beurteilung auf der Ebene der Ausschöpfung durch das Screening selbst durchzuführen, gleichsam ohne Rücksicht darauf, ob eine weitere Nachsorge sachlich Erfolg verspricht und auch durchsetzbar ist.

Abb. 2

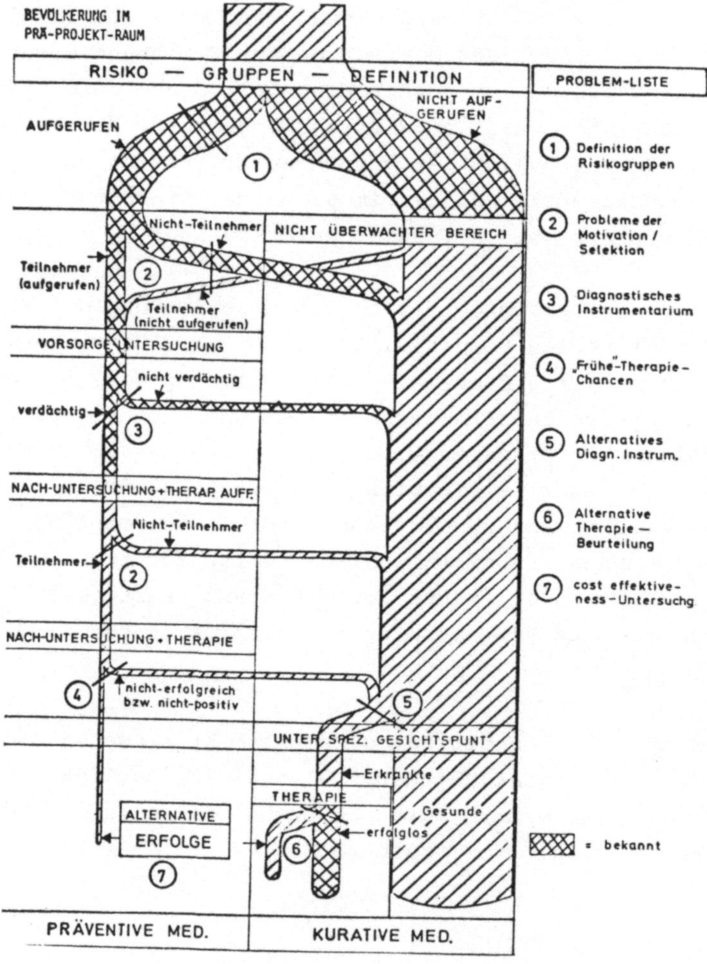

Die bisherige Darstellung sollte als erste Annäherung aufgefaßt werden.
Die Abbildung 3 soll im Bereich der Strategie - Auswahl eine weitere Spezifizierung bringen. Grundsätzlich sind dabei entsprechend
dem unterschiedlichen Informationsstand Unterscheidungen zu machen:
entweder die wesentlichen epidemiologischen Größen wie Inzidenz, Prävalenz usw.sowie ihr Verhalten in der Zeit sind bekannt oder mehr
oder weniger unbekannt. Im letzteren Falle können nur Schätzungen vor-
gegeben werden, was je nach Informationslage durch unterschiedliche
Verfahren erfolgt. Die nächste grundsätzliche Unterscheidung liegt
vor, wenn Präventivmodelle Inspektionsmodellen gegenüberstehen: in
vielen Fällen ist es jedoch auch denkbar, daß zur Realisierung einer
Prävention eine Inspektion gehört, etwa z.B, der Gutherie-Test, oder
Untersuchungen vor Impfungen usw.. Schließlich ist festzulegen, ob ein
Aktions-Intervall (Check oder Vorsorgemaßnahmen) vorweg festlegbar ist
oder besser je nach Untersuchungsergebnis neu festgelegt wird. Letzteres findet sich z.B. im Alltag der Zytologie, indem je nach Ergebnis
des zytologischen Befundes unterschiedlich der nächste Kontrolltermin
festgelegt wird. Diese letzte Form erscheint zwar auf Anhieb als die
plausibelste, ist jedoch organisatorisch aufwendig. Auch läßt sich
zeigen, daß für viele Fälle eine periodische Strategie d.h. ein festes
vorgegebenes Intervall denkbar ist, das einer sequentiellen Strategie
praktisch ebenbürtig ist.

Von sehr großer praktischer Bedeutung ist auch die nächste Unterscheidung: Will man eine getrennte Strategie für jede Fragestellung, was
zwar theoretisch optimale Bedingungen nach Ort, Zeit, Institution und
Intervall usw. vorgeben läßt oder will man eher die Realisierbarkeit
ins Auge fassen. So könnte etwa jeder Erstkontakt eines Patienten im
neuen Jahr routinemäßig ein ganzes Paket von vorsorglichen Untersuchungen auslösen. In jedem Fall liegt im Verfolgen einer opportuni-
stischen Strategie eine Fülle von Vorteilen, die meines Erachtens zumindest zusammen mit einer mehrstufigen Strategie die Nachteile weit
aufwiegen. Die opportunistische Strategie nutzt jede Gelegenheit, die
sich natürlicherweise bietet, zum Check. Sie kann aufgrund ihrer komplexen Fragestellungen nicht nur ökonomischer arbeiten, sondern auch
besser mögliche Zusammenhänge zwischen Befunden berücksichtigen. Es
wäre im recht verstandenen Sinne eine allgemeine Vorsorge-Untersuchung
indem gleichermaßen gezielt und gebündelt vorgegangen wird.

Die letzte Unterscheidung zwischen einstufigen und mehrstufigen Strategien kann in zweierleiweise nützlich sein. Entweder ist es möglich, an Verschlechterungsgrade unterschiedliche Behandlungen zu knüpfen , (etwa beim Diabetes) andererseits kann diese Unterscheidung dazu genutzt werden, unterschiedliche diagnostische Filter hintereinander zu schalten. In diesem Falle würden im mittleren Bereich die sogenannten "borderline-cases" liegen, die man einer intensiveren Beobachtung oder einem aufwendigeren Screening zuführen könnte.

Ein solches Begriffs-Raster würde die Definition von Risikogruppen formal gleichstellen mit den anschließenden Trennverfahren. Es würde auch keine grundsätzliche Unterscheidung treffen zwischen surveillance und screening, einem weiteren gebräuchlichen Begriffspaar mit unklaren Übergängen. Das hier vorgestellte Begriffsraster ist weitgehend der industriellen Wartung entliehen.(1) Es kann sicher noch besser auf die Probleme der Vorsorge angepaßt werden.

Abb. 3

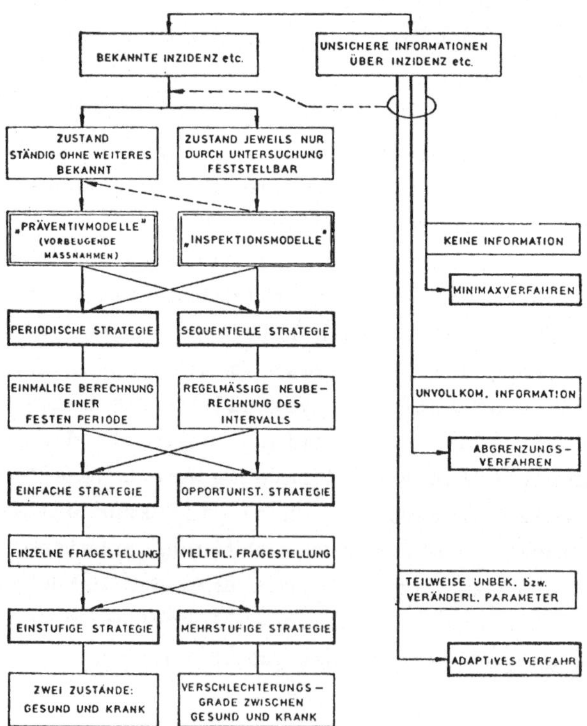

Lassen Sie mich im dritten Teil meiner Ausführungen zunächst auf die
Frage nach der Bedeutung der Begriffe Spezifität, Sensitivität und
Prävalenz im Rahmen einer mehrstufigen Strategie eingehen. Hierbei
gehe ich wie die Abbildung 4 zeigt, nur von einem zusätzlichen
mittleren Bereich aus. Ich erinnere hier an die Arbeit von Selbmann
(2), die beim vorletzten Treffen des Arbeitskreises Vorsorge und
Früherkennung einer ausgiebigen Methodendiskussion zugrunde lag.
Es wird ein normal verteiltes Merkmal angenommen, in der oberen Hälfte sind die Gesunden, darunter die Verteilung der Kranken aufgetragen.
Erklärt man einen mittleren Bereich für fraglich, so läßt sich durch
die Wahl der Breite dieses Bereichs die Sensitivität (unter Berücksichtigung der im fraglichen Bereich nachgeschobenen Untersuchungen)
entsprechend den Wünschen und Möglichkeiten einstellen. Verfahren,
die unter Aufwands- und Kostengesichtspunkten eine Redundanz-Optimie-
rung durchführen, d.h. ein optimal gestuftes Screening vorschlagen,
sind denkbar, allerdings sehr schwierig. Bisher fehlen sie.

Abb. 4

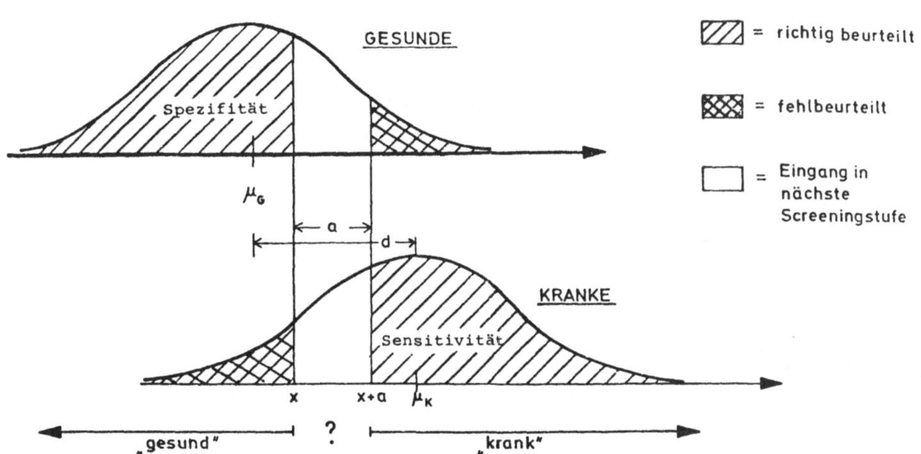

Abb. 5

ZUR BEDEUTUNG DER PRÄVALENZ

WIRKLICHKEIT

ENTSCHEIDUNG

	krank	gesund
„krank"	$p * Se$	$(1-p) * \alpha$
„gesund"	$p * \beta$	$(1-p) * Sp$
	p	$(1-p)$

Se = Sensitivität, Sp = Spezifität

p = Prävalenz der gesuchten Krankheit

Ausbeute = $p * Se$

Voraussagewahrscheinlichkeit = $p * Se / [(1-p) * \alpha + p * Se]$
(predictive value)

In Abbildung 5 wollen wir uns über die Bedeutung der Prävalenz für
den Anteil der tatsächlich Kranken in einer Gruppe krank erklärter
Klarheit verschaffen. Die tatsächliche Situation ist der angenomme-
nen gegenübergestellt. Neben den beiden Fehlern α = jemanden für
krank zu halten, obgleich er gesund ist und β = jemanden für gesund
zu halten,obgleich er krank ist und den entsprechenden komplimentären
Begriffen Spezifität und Sensitivität treten Begriffe wie die Ausbeute, d.h. der Anteil richtig als krank beurteilter an der Gesamtzahl
der Untersuchten. Er ist der erste Wert, der über die Effizienz eines Screenings, d.h. das Verhältnis von Aufwand und Erfolg etwas aus-
sagt. Er ist genauso abhängig von der Prävalenz wie von der Sensitivität. D.h. eine Anreicherung der Prävalenz ist äquivalent einer Verbesserung der Sensitivität. Betrachtet man den Anteil tatsächlich
Kranker an den für krank befundenen, den sogenannten predictive value,
so erkennt man auch hier den starken Einfluß von Prävalenz. Die Mani-
pulation der Prävalenz, zurückkommend zum vorgehenden Bild, ist also
von eminent praktischer Bedeutung. Die Prävalenz verliert in einer
solchen mehrstufigen Strategie ihren vorgegebenen Charakter und wird
eine mit Spezifität und Sensitivität wechselseitig abhängige Größe.
Die Trannschärfe des Gesamt-Systems ist nicht besser, als wenn man

die gesamte Bevölkerung dem gesamten Untersuchungssatz unterzieht, jedoch ist über eine optimale Ausklammerung aller redundanten Informationen in der zeitlichen Abfolge der Untersuchungskette Aufwand und
Beunruhigung unter Umständen erheblich reduzierbar. Da dies genau
die Definition von Risikogruppen betrifft, wird erkennbar, daß sie
nicht ohne Rücksicht auf die Trennschärfe der nachfolgenden Untersuchungen erfolgen sollte. Eine Systematik und Formalisierung der Vor-
gehens, also Definition der Risikogruppen und Abfolge der nachfolgenden Screening-Stufen mit dem Ziel ökonomischer Informationsausschöp-
fung bleibt zu erarbeiten.

Insbesondere ist noch das Zeitverhalten der "natural history of disease"
einzubringen, das in den von mir vorgestellten Überlegungen sträf-
lich in seinem Einfluß auf die Strategiewahl vernachlässigt wurde:
auf Inzidenz und darüber hinaus das Gesamtverhalten der Risikofunk-
tion ging ich hier kaum ein, obgleich Sinn und Unsinn einer Präven-
tivstrategie beträchtlich davon abhängt.

Ich hoffe, diese Ausführungen haben erneut gezeigt, welche Aufgaben-
fülle jene, die sich für die methodologischen Aspekte der Vorsorge
interessieren und einsetzen, erwartet. Da sind zunächst die vielen
entweder fehlenden oder noch nicht auf die Vorsorge spezifizierten
Methoden. Da fehlt es noch an einem Schema, wenn Sie so wollen: einer GMDS-Check-Liste für Vorsorge-Programme, an dem bzw. in dem zum
einen die laufenden gesetzlichen Vorsorgemaßnahmen und zum anderen zur
Realisierung vorgeschlagene Programme dargestellt werden könnten:
was ist bekannt, was ist nicht bekannt, was von dem Bekannten ist
wie zu beurteilen. Eine Gesellschaft wie die unsere sollte sich diesem Anspruch nicht entziehen.

Literatur

(1) BUSSMANN, K.F.   Operations Research und Datenver-
     MERTENS, P.   arbeitung in der Instandhaltungs-
                           planung
                           Poeschel Verlag, Stuttgart, 1968

(2) SELBMANN, H.K.   Statistische Betrachtungen zur
                           Optimierung von Screening Metho-
                           den in der Vorsorge und Früher-
                           kennung
                           Hannover 1976

THE SIMPLE ECONOMICS OF SCREENING PROGRAMS: AN APPLICATION OF DECISION ANALYSIS TO MEDICAL SCREENING

Hans-W. Gottinger

In the extensive literature on screening and prevention programs it is always implicitly assumed that selective screening on high risk patient groups, for those with coronary disease or breast cancer, leads to a significantly higher detection of true positives, and, therefore, entails a corresponding increase of the number of expected lives saved. Consequently, it is argued that this justifies increased costs of screening programs and related medical care. In this paper the value of a screening program is derived on the basis of decision analysis using as a single criterion mortality costs. The conclusion drawn suggests that increased screening costs could only be justified up to a certain qualified limit, but are not justified beyond this limit.

Suppose you consider two disease complexes A and B, A is a very serious disease, requiring careful monitoring and possibly elective surgery. B is far less serious that needs no further treatment but reveals similar symptoms as A. A screening program is defined as a set of tests conducted on the patient or class of patients that serves in finding unique identifications for patients having disease A.

The physician is considered to be a decision-maker or problem-solver who, to the best of his knowledge and to the availability of given medical technology, structures the decision situation in such a way that the best option is the one which minimizes expected mortality or morbidity considered as expected costs in the overall problem. Additional criteria could be meaningfully taken into account, and they would involve a weighting of multi-criteria, but, for the sake of simplicity, we concentrate only on the unique criterion of mortality.

The screening program, consisting of a set of diagnostic tests, often applied sequentially, is considered to be a detection device for finding out whether the patient has disease A or B. We use 'tests' here in a general sense. They might consist of patient history, physical findings or laboratory results. They may be presented in a form suitable for computational purposes, see Ledley and Lusted (1961). In general, this detection device is imperfect, i.e. error-bound, so that we are left with asking questions about the reliability of the test(s). For this purpose we could set up a Test-Reliability

<u>Matrix</u> for our simple problem

Table 1.

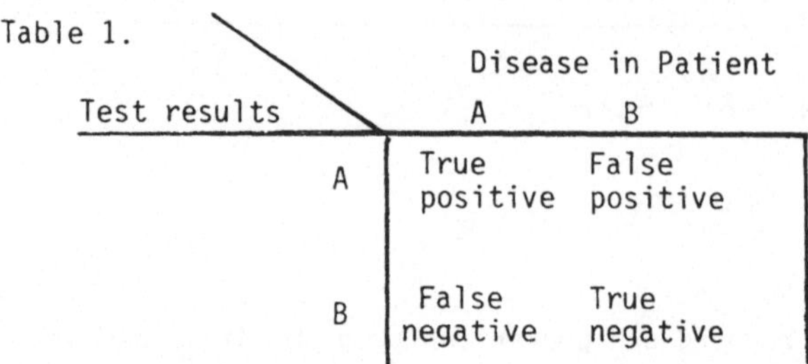

	Disease in Patient	
Test results	A	B
A	True positive	False positive
B	False negative	True negative

Here the entries in this table, read along the first or second row, respective-
ly, could be interpreted as :

<u>First row</u> : 'Test results indicate disease A and the patient has disease A'
'Test results indicate disease A and the patient has disease B'
<u>Second row</u>: 'Test results indicate disease B and the patient has disease A'
'Test results indicate disease B and the patient has disease B'

Since by nature of the problem A is far more serious than B, ensuing a substantial higher cost in terms of mortality or morbidity therefore requiring
immediate action on the physician's side, the Test-Reliability Matrix reflects
this view in the naming of the entries. (In the case A has been ruled out,
one could set up another table comparing B with C, etc. so that the disease
with highest priority, requiring most medical attention, is taken proper care
of.)   Of particular concern here are those patients who on the basis of
the test results will be treated on the false disease (false positives) and
those for whom the results missed the true disease (false negatives).
Suppose then on the basis of these tests, for diseases A and B, completely
different therapies, T_1 and T_2, are suggested, for instance T_1 may involve
surgery for constraining stomach cancer, T_2 is a mild drug treatment for
treating a nonmalignant tumor. Suppose further we have sufficient statistical
evidence on therapies T_1 and T_2 with regard to mortality costs, we could set
up an outcome table on the decisions (costs) of treatment T_1 and T_2.

Table 2.   Outcomes of decisions (costs) measured by mortality per
1000 patients

	Disease	
Treatment	A	B
T_1	1.50	.70
T_2	30	0

The numbers in the entries, used here only for illustrative purposes,
are collected statistically for a sufficiently long period of time.
But for more practical reasons it might be advisable to decompose the
data according to patient groupings pertaining to age or specific
environmental conditions. Different groups such as old   vs. young,
or men vs. women may have quite distinct mortality costs, and the overall aggregate average cost matrix may not be applicable to group
specific circumstances. For collecting enough group specific, disaggre-
gate data we may run into difficulties of sufficient data acquisition.
In that case we may apply advanced statistical techniques (i.e. multiple
regression analysis) for overcoming these difficulties.
For any action, T_1 or T_2, the average mortality cost, given as the expected
value of mortality, can be computed after specifying the probability of
each disease state, A or B. Unless one has a sufficient data base one
often finds it difficult to calculate the probability of the disease
state. In this case the physician is required to make an introspective
judgment or reasonable guess and to come out with a subjective probability
reflecting his professional judgment. Various methods to attain a subjective probability can be applied, see De Finetti (1972) or Gottinger
(1979), in terms of betting quotients, or comparing disease states
with events for which well-known (objective) probabilities exist.

Suppose the physician's prior probability of disease state A is P(A) = .05,
and for B it is P(B) = .95. Then, on the basis of Table 2, we compute
the expected value of decision:

$$EV(T_1) = .05 \times 1.5 + .95 \times .70 = .075 + .665 = .74$$
$$EV(T_2) = .05 \times 30 + .95 \times 0 \quad = 1.5$$

Clearly, the action with lowest average mortality cost is best.

The computations show that if you want to make a terminal decision or equi-
valently, if the costs of gaining information about specifying P ex-
ceeds the benefit of this information, for patients with .05 probability
of having disease A it is better to apply T_1 than T_2.

In fact, looking at the average mortality costs, T_1 costs .74/1000 in mortality, but T_2 costs 1.5/1000 in mortality. This is so because the con-
sequence of applying T_2 if A is true is severe enough to outweigh its small
probability. (The underlying assumption is that 'waiting three months' or
'adopting a mild drug treatment plan' substantially decreases those patients' survival chances with disease state A).

As we can summarize, at this point, the best decision depends on the probabilities of the various disease states and on the costs of mortality associated to the given diseases. By fixing the mortality rates, one can easily determine the <u>threshold probability</u> at which point it becomes advisable to switch from strategy T_2 to strategy T_1. The threshold probability can be calculated as follows:

$$EV(T_1) = P \times 1.5 + (1-P) \times .70 = .70 + .80P$$
$$EV(T_2) = P \times 30 + (1-P) \times 0 \quad = \quad 30P$$

Equalizing, $EV(T_1) = .70 + .80P \qquad = EV(T_2) = 30P,$
          yields $P = .024$

Costs of mortality depending on threshold probabilities

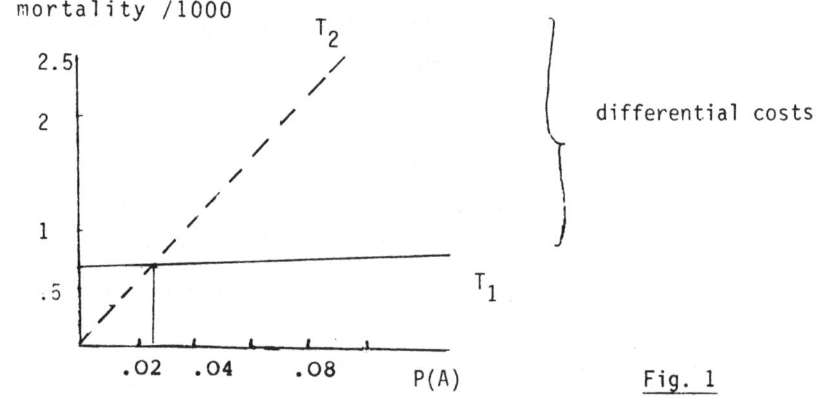

<u>Fig. 1</u>

One can simply interpret this figure along the following lines. We graph the mortality costs of T_2 (dashed line) and T_1 (solid line) as a function of the probability of A. If there is no chance of A occurring, there is no cost to T_2, but there is always a cost to the more severe treatment T_1. (If T is not considered as a treatment, but as yet another test it could be understood that applying the test itself affects the mortality rate. Suppose that in the case of breast cancer, screening for women mammography is generally applied. Then the additional risk for applying mammography for a particular patient group is reflected in its impact by increased mortality costs and therefore could be fit into this framework).

But to the extent that A becomes more likely, the 'T_2-strategy' quickly becomes more dangerous. Up to the threshold level one should adopt a 'wait strategy', above this level one should switch to a more radical

therapy. Costs and probabilities obviously are interdependent. If
you vary the costs in terms of probability, you correspondingly shift
the threshold probabilities.

Recalling that a screening program consists of a sequence of tests
to be performed, it appears as common sense reasoning, that under
ideal circumstances a diagnostic test should show those persons or
population groups to have the disease who actually have the disease.
In other words, the best that any screening program can do is to
correctly classify all patients. Since this requirement can be ful-
filled only under exceptional, ideal circumstances, we could consider this state as our reference system and set out to enquire about
the costs that obtain in such a system. It is clear that the costs in
such a system cannot be decreased, given the present level of medical
technology and medical knowledge. Since the value of a perfect screening
program is the one that diagnoses a high risk factor group correctly
and consequently leads to an adequate therapy, one would be interested
in the value of information that minimizes diagnostic mistakes emanat-
ing from any screening program, coming close to a perfect screening
program.

In other words, by improving the diagnostic-treatment situation one
asks how much is more information worth?
By referring to Table 2 a perfect screening program yields mortality
costs by computing

$$EV(T_1 \mid (\text{perfect screening})) = P \times 1.50 + (1-P) \times 0 = .05 \times 1.50 + .95 \times 0 = $$
$$= .075$$

as compared to
$$EV(T_1 \mid (\text{ no screening })) = .05 \times 1.50 + .95 \times .70 = .74$$

In verbal interpretation, applying T_1 in case of perfect screening kills
only .075/1000 of the population, an unavoidable cost, whereas applying
T_1 given   no   screening kills .74/1000. This means that the cost of
action in the light of perfect information is roughly ten times less than
the cost associated to the best action on undifferentiated patients (apply
T_1 to everyone). The expected value of perfect information, therefore,
is equal to the difference of these two, since the mortality cost of
.075/1000 appears unavoidable unless better methods of treatment are
available.

To emphasize the point of optional treatment with or without screening on patient groups, we shall rewrite costs for each disease state in terms of regrets caused by mistakes. (To set up a regret matrix is a familiar procedure in statistical decision theory).

Table 3.   Outcome expressed as differential mortality cost per 1000 (regret) due to improper treatment

	Disease in patient	
Treatment	A	B
T_1	0	.70
T_2	28.50	0

The number 28.50 in the lower left entry of the matrix comes from 30/1000, the costs of a 'wait strategy', minus 1.50/1000, the costs of the only correct treatment, T_1. The upper left hand entry gets zero, since the action is correct. The upper right entry remains as it is, since the cost of the correct action, T_2, (to be deducted) is zero.

Up to now we considered only the value of perfect screening as compared to no screening at all, taking the unavoidable mortality costs of a correct treatment as a basic reference point. The situation where perfect information can be acquired is rare, whereas partial information is often obtainable. Nevertheless, the expected value of perfect information is useful because it provides an upper bound to that for partial information. Therefore, more generally, we could exhaust the whole spectrum on evaluating different screening programs and figuring out the value of information in terms of mortality costs. It should be obvious that a crucial point in comparing these programs is the validity of their test results, that is the degree of accuracy according to which these tests identify and classify the correct disease-state patients.
Consider only a possible result of test validation for illustrative purposes.

Table 4.

	Test validation	Disease in patient	
Test results		A	B
A		.8	.1
B		.2	.9

Such numbers might be obtained by collecting data on a series of
patients who are all given the test, and then later investigated
to see whether they really had the disease or not. Unless a re-
presentative sample of them can be autopsied, there may be problems
with this test verification.
(The above table suggests that sensitivity of the test is .8, and
sp ecificity of the test is .9).

Now, how do test results affect estimates of the probability of
disease? Bayesian statistics provide techniques for revising initial
or prior probabilities in the light of new information. The information must be new to have any effect. In statistical analysis, the
events are said to be independent if information about the occurrence
of one event does not change our estimate of the probability that
the other event occurred.

Independence of medical evidence is hard to judge, to estimate
whether two tests are really independent in their predictions, one
may have to collect substantially more cases. Sometimes there may
be theoretical reasons to believe tests are independent - one may
be biochemical, and another anatomical. Bayes'theorem weights prior
probabilities by their likelihood, it follows from the definition
of conditional probability . The conditional probability of A given
that the test indicates A is defined by

$$P(A \mid Test = A) = \frac{P(A \text{ and } Test = A)}{P(Test = A)} \quad ,$$

i.e. is defined to be the probability of both A and a true A-test result divided by the total probability of a positive A test result.
In the numerator, we see the effects of our hypothetical test on
patients .05 of whom are assumed (ãpriori) to have A. The test iden-
tifies 80% of them correctly,so .05 x .8 = .04 are identified correctly as having A by the test. Also in the denominator are the 10% of B

falsely called A by the test. The test will say that .05 x .8 + .95 x .1 = .135 have A, and .04/.135 = .296 of those so identified really will have it.

A similar calculation shows, namely

$$P(A|Test = B) \ = \ \frac{P(A \ and \ Test = B)}{P(Test = B)} \ = \ \frac{.05 \ x \ .2}{.05 \ x \ .2 \ + \ .95 \ x \ .9} \ = \ .012$$

that only .012 of those the test says have B will have A. The test has split the formerly homogeneous group of patients, each of whom pretended to have a 5% chance of A, into two distinct groups. One group has an almost 30% chance of A, and the other about a 1 % chance of A.

Let us see how we could assemble the various bits of information contained in Bayes' theorem: the differential cost (regret) matrix and the test validity data, forming the <u>likelihood</u>, to construct <u>the value of a test</u> represented only by a single criterion, the mortality rate. In general, <u>the value of the test is simply computed by subtracting the average costs of the best action before the information of the test is available</u>, from the best action afterwards.

Table 5.   Flow-chart

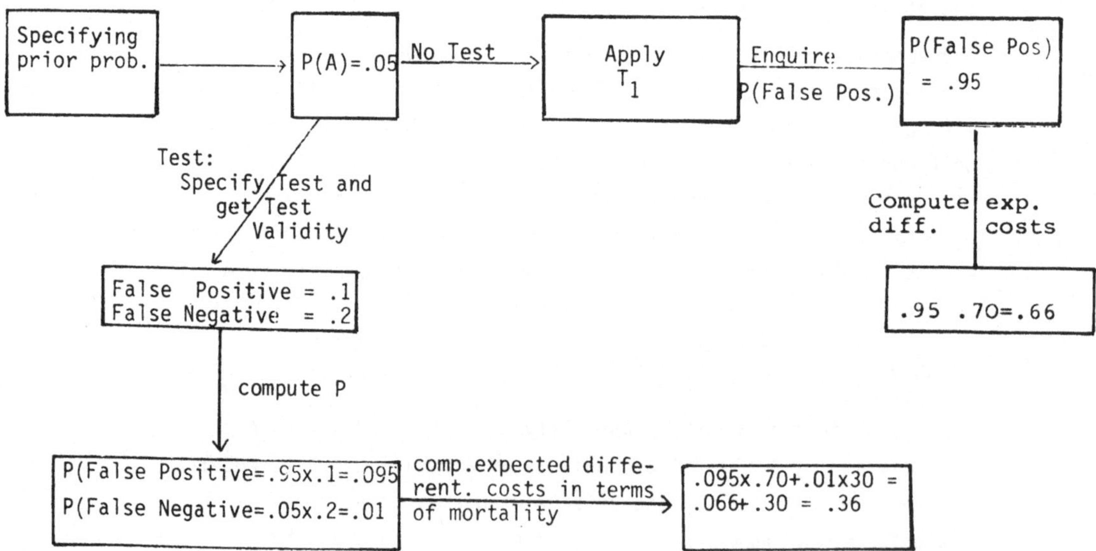

These computations presented in a flow-chart form use the added costs
of mistakes over correct actions in the differential cost matrix..
Applying T_1 immediately kills .70/1000 of those having B. Given the prior
probability on B the <u>expected additional mortality</u> without the test
amounts to .095 x .70 = .66. After the test only 10% of these are subject
to T_1-treatment, whereas 20% of the true A cases wait, for a differential
cost of .36. The test has saved exactly .30/1000 deaths. Unless the test
itself kills more than that, it is justified by using reduction of mortality as a single criterion. (It may not be justified by a different
criterion, e.g. resource costs associated to the test but this could be de-
termined only by an appropriate benefit cost calculation of the test.)

In principle, the same computations go through in a sequence of tests
making the entire screening program. Suppose one wants to improve the
results in a further reduction of mortality by taking the latest test
as a reference point. The only thing that changes is to replace the prior
probabilities by posterior probabilities - computed according to Bayes'
theorem on the basis of the previous test results. Of course, one has to
take care of a strict statistical independence assumption by conducting
the tests. If it turns out, say, that the subsequent test yields a differential cost of .20, as compared to the first test of .36, then the subsequent test is worth at most .16 in mortality. Suppose, then, without
loss of generality, a screening program consists only of these two tests.
Then the value of the screening program is the sum of the value of each
of the two tests, applied <u>independently</u> and <u>sequentially</u>, e.g.
.30/1000 + .16/1000 = .46/1000.
If besides mortality, there is a serious consideration by the medical decision maker of taking into account resource costs generated by the
screening program, then this could be achieved by letting the consumer
(patient) determine his <u>willingness to pay</u> for the unit monetary cost
of the test in exchange for a reduction of mortality. From decision theore-
tic principles we know that if someone has a 1 in 1000 chance of having a
life-threatening problem, he might be willing to pay a certain amount to
find out.
In fact, J.P. Acton (1973),by using this methodology as originally proposed by T.C. Schelling (1968), worked out a refined catalogue of question-
naires that inquired about people's preferences with regard to various
public programs including a screening-monitor-pretreatment program for
heart diseases.

However, it appears as an immediate problem that consumers of medical
care may not adopt this obviously rational approach, anxiety may prevent
them to find out whether there is a medical problem that can be detected
by screening.

In the sequel we deal with some important extensions and complications
of the previous analysis.

(1) Test results out of screening programs may not be split into two
categories, but instead may discretely range over several levels. Read-
ings of biochemical levels might give rise to several, non-unique inter-
pretations. The picture interpreted by a radiologist may present con-
vincing, weak, confusing or no evidence of the disease in question.
Suppose that the information in the patient's history and physical
findings have been grouped into five categories, as shown in the next
table.

Table 6.

Test results	Disease A	B
A	.2	.1
A likely	.3	.1
Non-conclusive	.3	.3
B likely	.1	.2
B	0	.3

For instance, the category 'A likely' contains 30% of A cases and 10% of
B cases.
If a test could provide that much of more detailed, refined information
it should not be arbitrarily calibrated to two categories, calling
the top two categories A and the bottom three B. It is important to
report test information as precisely and completely as possible.

(2) As indicated previously, costs in health programs have a multi-
criteria representation, the investigation of single components may
be only of limited value. For some diseases health costs are fairly easy
to evaluate, long-range aftereffects are not too important. For cancer
and many other diseases, other health costs must be considered. Suppose
a breast cancer screening program screens women at 50, and saves 10
people who otherwise would have died at 55, extending their lives to 70.

On the other hand, suppose the radiation of testing causes 10 additional cases of cancer so that 10 people who would otherwise have died at 70, die instead at 65. The net change in mortality of the program is zero, but the net gain in years of life is 100. In such case you feel that years-of-life is a better measure of health costs than simple mortality. For cancer, in particular, quality-of-life is important. Healthy years are rated higher than low-quality years.

We can minimize either average immediate mortality costs, or average years-of-life costs or average resource costs. The best cost-minimizing action is different for different types of costs. Not all costs can be minimized at the same time. Thus, even the best treatment plan involves tradeoffs of one type of cost for another. This seems to be in accord with pursuing 'compromising strategies' by implementing screening programs, and, in fact, this is proposed by some researchers in the field (see L.E. Blumenson, 1977).

(3) If various categories of costs such as resource costs, disability days (a surrogate measure of years-of-life costs) and mortality are plotted against threshold probabilities of disease state A, on a continous scale between 0 and 1, the medical resource costs of a <u>delayed</u> T_1-treatment could amount to being only twice as high as a timely T_1-treatment, but according to Table 2 the mortality costs are 30 times as high. This is reflected by the fact that the probability of A for the minimum mortality costs is considerably lower than the probability point for the minimum resource costs. In other words, <u>aggressive treatment costs money but saves lives.</u>
In general, all the marginal cost curves rise sharply as the probability of A increases. A T_1-strategy is definitely indicated for high probabilities. All the cost curves decrease starting from probability zero. <u>Excessive T_1-treatment at low probability of a serious disease is expensive and dangerous.</u> (In fact, this seems to support empirical findings that excessive surgery at low probability of serious diseases is likely to cost lives besides eating up a substantial portion of resource costs).
Suppose the physician chooses to reduce the threshold probability slightly (e.g. applying a T_1-strategy on patients with slightly lower probabilities of A), he could save (say) 100 more lives a year at a cost of 10,000,000 monetary units and 50,000 disability days. Each life thus costs 100,000 monetary units and 500 days. Is this an acceptable price for a life saved? Now, if you think life is worth more,

you should choose a threshold probability point closer to the minimum mortality point. If you think the costs are too high, you should
use a somewhat higher probability point.

References

J.P. Acton (1973),Evaluating Public Programs to Save Lives: The Case of
                    Heart Attacks, Rand Corporation, R- 50-RC, Santa
                    Monica, Ca.

L.E. Blumenson (1977), "Compromise Screening Strategies for Chronic
                    Disease", Mathematical Biosciences 34, 79-94

B. de Finetti (1972), Probability, Induction and Statistics, Wiley:
                    London, New York

H.W. Gottinger (1979), Elements of Statistical Analysis, W. de Gruyter:
                    Berlin, New York

R.S. Ledley and L.B. Lusted (1961), "Medical Diagnosis and Modern De-
                    cision Making", Proc. of Symp. Appl. Math., Vol. XIV,
                    Am. Math. Soc.,Providence

T.C. Schelling (1968), "The Life you Save may be your Own", in Problems
                    in Public Expenditure Analysis (S.B. Chase, ed.),
                    Brookings: Washington, D.C.

FEHLERMÖGLICHKEITEN BEI DER PLANUNG UND AUSWERTUNG VON STUDIEN
ZUR EFFIZIENZMESSUNG DER GESETZLICHEN FRÜHERKENNUNGSMAßNAHMEN

H.J. Jesdinsky

Die Vorstellung einer systematischen Krankheitsvorsorge durch
Maßnahmen zur Früherkennung führte in der Bundesrepublik 1971
zur Einführung der Krebsfrüherkennungsuntersuchungen als einer
von den gesetzlichen Krankenversicherungen übernommenen ärztlichen Leistung.

Seither ist viel über die Auswirkungen dieser Untersuchungen diskutiert worden, ohne daß, mit Ausnahme vielleicht hinsichtlich
des Kollumkarzinoms, der Nutzen dieser Untersuchungen überzeugend
dargetan worden wäre. Diesen Nachweis wird man am ehesten vom Bio-
statistiker erwarten, und diese Absicht ist sicher auch im Spiele
gewesen, als man mit der Einführung der Früherkennungsuntersuchungen zugleich deren Dokumentation und regelmässige statistische
Aufbereitung vorsah.

Daß wir trotzdem in der Effizienzmessung der gesetzlichen Früherkennungsuntersuchungen noch nicht weit gekommen sind, liegt an
Schwierigkeiten der Datengewinnung und prinzipiellen Grenzen der
unter den gegebenen Randbedingungen verwendbaren Methodik. Eine
Reihe solcher Fehlerquellen sei im folgenden aufgezählt. Dies geschieht auf die Gefahr hin, daß nicht immer eine Vorkehrung zur
Hand ist, die beschriebenen Fehler zu vermeiden: Es kann schon
ein Gewinn sein, diese Fehler zu kennen. Man wird dann mindestens
in den Stand versetzt, je nach der Gewinnung der Aussagen über
den Wert der Früherkennungsmaßnahmen diese entsprechend einzuordnen und gegebenenfalls zu relativieren.

<u>Einige Bezeichnungen</u>

Zunächst führen wir einige Bezeichnungen ein. Es wird nur ein
sehr einfacher Fall behandelt, in dem vier Stadien unterschieden
werden:

S_0 klinisch stummes Krebsstadium,

S_1 durch eine Früherkennungsuntersuchung erkennbares, aber keine
       Beschwerden bereitendes Stadium,

S_2 manifestes Stadium des Tumors und

S_3 Tod an Krebs

Diesen Stadien sind Verweildauern T_o, T_1 und T_2 zugeordnet, welche einer nicht näher bekannten Verteilung folgen. Bezeichnet man die Zeitpunkte des Übergangs von S_{i-1} in S_i mit a_i (i=1, 2, 3) so erhält man folgende Veranschaulichung:

<u>Abb. 1</u>:   Darstellung der Dauern von drei Krebsstadien

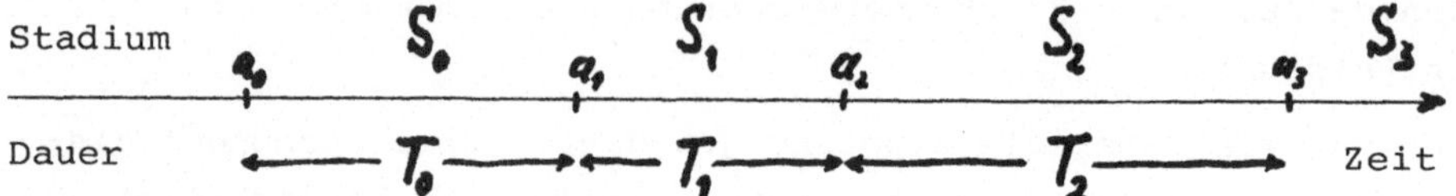

Im folgenden werden wir uns auf dieses einfache Modell beziehen. Es ist klar, dass das Krebswachstum kontinuierlich erfolgt und die Wechsel von einem Stadium in ein anderes nicht als Sprünge erfolgen, ein Umstand, der bei einigen zu besprechenden Fehler- möglichkeiten eine Rolle spielt.

<u>Erhebungspläne</u>

Es kann nicht Ziel dieser Bemerkungen sein, die Erhebungspläne in angemessener Ausführlichkeit darzustellen. Ohne einen Über- blick über mögliche Datenzugänge zu haben, lassen sich indessen die Fehlermöglichkeiten nicht leicht ordnen. Daher seien die Er- hebungspläne kurz dargestellt.

Würde man jeden Menschen in beliebig kurzen Abständen über sein ganzes Leben auf Krebs untersuchen können und wäre es organisa- torisch und ärztlich möglich, einer Zufallsstichprobe die opti- male medizinische Versorgung, dem Rest der Bevölkerung (obwohl untersucht) erst bei Beschwerden eine Behandlung zukommen zu lassen, so wären alle im folgenden erwähnten Probleme gelöst. Somit spielen bei der Erörterung der Erhebungspläne eine Rolle:

- die Auswahl der Untersuchten
- die Möglichkeit der Intervention und, wie bei allen statisti- schen Erhebungen,

- der Zeitpunkt und Ort der Erhebung

sowie

- die Möglichkeit einer Weiterverfolgung einmal Untersuchter
  (Längsschnitt).

Folgende Pläne seien angeführt.

(1) Überwachung laufender Statistiken

   Dieser Plan, der praktisch keinen Aufwand erforderlich macht,
   besteht in der zeitlichen Verfolgung oder dem gebietsweisen
   Vergleich der Morbiditätsstatistiken der Krankenkassen und
   der Rentenversicherungsträger sowie der amtlichen Mortalitätsstatistiken.

   Die Untersuchung kann von einer Intervention begleitet sein.

(2) Prospektive Untersuchung von Bevölkerungsgruppen, die an der
   Früherkennungsuntersuchung teilnehmen.

   Gewöhnlich wird ein Vergleich mit einer Gruppe von Nicht-
   teilnehmern angestrebt. Dabei kann das Ziel darin bestehen,
   den Grad der Fortgeschrittenheit bei der Erkennung oder auch
   die Überlebensdauer zu erfassen.

   Verschiedene Varianten dieser als Querschnitts- bzw. Kohor-
   tenstudie aufgebauten Untersuchungspläne bestehen in der
   Art, wie versucht wird, die Vergleichbarkeit der Gruppen so
   weit wie möglich zu sichern.

(3) Retrospektive Erfassung der Entdeckungsgeschichte des Krebses bei Krebskranken.

   Auch bei der retrospektiven Erhebung zieht man eine Kontrollgruppe ohne Krebs hinzu, welche auf ihre Teilnahme an Früherkennungsuntersuchungen befragt wird. Dies ist besonders
   wichtig, wenn das Stadium der Erkrankung bei der Erkennung
   (wie gewöhnlich) nicht mehr exakt rekonstruierbar ist. Man
   benutzt also das Erhebungsmodell der Fall-Kontroll-Studie.

Nach diesem kurzen Überblick können die Fehlermöglichkeiten dargestellt werden.

<u>Fehlermöglichkeiten bei der Bewertung von Früherkennungs-</u>
<u>maßnahmen</u>.

Die Besprechung der Fehlermöglichkeiten soll sich ganz überwiegend
auf die <u>Auswertung</u> beziehen. Dabei wird von bestimmten Erhebungs-
plänen unter Berücksichtigung ihrer Durchführbarkeit ausgegangen.
Die Fehler bei der Auswertung haben zwar oft schon in den Schwä-
chen der Planung ihre Ursache. In unserem Zusammenhang aber stehen
der Realisation geeigneter Erhebungspläne oft Schwierigkeiten im
Wege, so dass wir vorziehen wollen, die Fehler an den Auswirkungen
schwieriger Randbedingungen für die Untersuchung, die erst bei der
Auswertung auftreten, zu diskutieren. Bezüglich der systematischen
Einordnung dieser Fehler sei auf die drei vorgestellten Erhebungspläne und deren Modifikation verwiesen.

Im folgenden ist eine Aufzählung der Fehlermöglichkeiten bei der
Effizienzmessung der gesetzlichen Früherkennungsuntersuchungen
angegeben

(1)   Fehler bei der Zuordnung des Patienten zu einem bestimmten
      Stadium.

      Ungerechtfertigt vorteilhafte Aussagen ergeben sich, wenn
      das Stadium bei den im Früherkennungsprogramm Untersuchten
      zu früh angesetzt wird, z.B. durch Vernachlässigung der An-
      gaben des Untersuchten zur Vorgeschichte oder über seine
      Beschwerden ("Verschieben" des Punktes a_2 nach rechts ent-
      sprechend der Abb. 1). Damit wird der Anteil der Früher-
      kennungen symptomloser Patienten zu höheren Werten hin ver-
      zerrt. Nimmt man die Überlebensdauer als Kriterium, dann
      wird diese gegenüber den nur anscheinend gleich wenig fort-
      geschrittenen Fällen, die ausserhalb des Früherkennungspro-
      gramms erkannt wurden, allerdings verkürzt sein und es er-
      geben sich zu ungünstige Resultate bei Früherkennungsfällen.

(2)   Fehler durch qualitativ uneinheitliche, jedoch nicht unter-
      scheidbare Stadien.

      Hier ist das sogenannte nichtinvasive Karzinom (Carcinoma
      in situ) zu nennen, das in einem gewissen Teil der Fälle

nicht weiterwächst ($P (T_1 = \infty) > 0$). Dadurch ergeben sich
ungerechtfertigt hohe Heilungsraten, wenn man diese nicht
einheitlich zu definierenden Stadien mit in die vergleichen-
de Betrachtung einbezieht.

(3) Fehler durch Selektion von sich langsamer entwickelnden
Karzinomfällen.

Bei Querschnittsstudien wird die Prävalenz erfasst, die in
etwa proportional der Verweildauer T_1 ist. Sind nun T_1 und
T_2 positiv korreliert, was biologisch plausibel ist (d.h.
es gibt über die ganze Entwicklungszeit hin langsam und
schnell wachsende Tumoren), dann haben die mit dem Früher-
fassungsprogramm vorrangig selektierten Fälle auch eine
längere Überlebenszeit.

(4) Fehler durch Selektion einer nicht repräsentativen Population.

Teilnehmer an den gesetzlichen Vorsorgeuntersuchungen
stellen gewöhnlich einen stärker gesundheitsbewussten Be-
völkerungsteil dar. Das kann dazu führen, dass diese Menschen dem Rat des Arztes hinsichtlich der weiteren Diagnostik und Therapie besser folgen und dadurch bessere Heilungs-
chancen bzw. längere Überlebensdauern haben.

(5) Fehler durch den Interventionseffekt

Menschen, die einmal an einer Früherkennungsuntersuchung
teilgenommen haben, neigen zu einer regelmässigen Teilnahme, so dass sich bei hinreichend kurzen Screening-Inter-
vallen häufiger Frühstadien finden werden. Dies muss zu
einer weiteren Verbesserung der Prognose bei Teilnehmern
am Früherkennungsprogramm führen, welche nicht dem Erken-
nungsinstrument selbst, sondern dessen mittelbaren Auswirkungen zuzuschreiben wäre.

(6) Fehler durch Selektion kooperationswilliger Ärzte.

Eine Querschnittsstudie, welche die Untersuchten bis zur
histologischen Sicherung der Diagnose oder gar bis zur
Operation bzw. bis zur Übernahme in eine nichtoperative

Behandlung verfolgt, erfordert eine besondere Mitarbeit
der an einer Evaluationsstudie beteiligten Ärzte[&]. Dies
gilt erst recht bei Langzeitstudien, welche die Patienten
bis zur Heilung oder bis zum Tod überwachen. Hinsichtlich
der Sorgfalt der weiterführenden Diagnostik und später
auch für die Nachsorge können also Verhältnisse erwartet
werden, die den Standard der Durchführung der Früherkennungsuntersuchungen zu günstig erscheinen lassen.

(7)   Fehler infolge verfälschter Erinnerung bei der Befragung
      Krebskranker

      Das Ereignis der Entdeckung einer Krebserkrankung erfährt
      bei den Betroffenen zumeist eine starke emotionale Bewer-
      tung. Dies kann zu Verfälschungen führen, hier gewöhn-
      lich in Richtung einer Unterbewertung der Rolle der Früh-
      erkennungsuntersuchung.

(8)   Fehler durch eine der Gruppe der Krebskranken nicht ver-
      gleichbare Kontrollgruppe.

      Die ideale Kontrollgruppe wäre eine Gruppe von Patienten,
      bei denen die Fehldiagnose Krebs gestellt worden und denen
      diese Diagnose auch bekannt wäre (bei unaufgeklärten
      Patienten sind die unter (3) aufgeführten Erhebungspläne
      praktisch nicht durchführbar). Da solche Fehldiagnosen
      glücklicherweise selten sind, könnte man daran denken,
      Patienten zu befragen, bei denen ein Krebsverdacht abge-
      klärt wird. Aber gerade in dieser Phase wird man ärztlicher-
      seits eine derartige Befragung oft als unangebracht an-
      sehen.

Damit sind die "spezifischen Fehlermöglichkeiten" aufgezählt.
Sie lassen sich zusammenfassen unter dem Gesichtspunkt eines un-
gültigen Vergleichs, sowohl für den prospektiven wie für den
retrospektiven Ansatz.
Die Versuchung, in Anbetracht der Schwierigkeiten auf den sogenannten "historischen Vergleich" zu rekurrieren, besteht
- ähnlich wie beim Therapievergleich - auch hier. Nicht zu
umgehen sind diese Gefahren beim zeitlichen Vergleich von
Morbiditäts- und Mortalitätsstatistiken. Immer wird es sich
auch um einen säkularen Trend handeln können, dessen Erklärung

meist vieldeutig ist.

Schlussfolgerungen

Die Fehleranalyse ist nur ein erster Schritt auf dem Weg zur
Planung von Studien zu einer Bewertung der Früherkennungsuntersuchungen. Angesichts der Schwierigkeiten der Aufstellung
methodisch unangreifbarer Studienpläne könnte ein Vorgehen
in Betracht gezogen werden,   unter Aufgabe des Anspruchs
auf eine Analyse des Istzustands nur noch eine begleitende
Evaluation der laufenden Untersuchungen mit dem Ziel ihrer
Verbesserung ins Auge zu fassen, mithin auf eine Bewertung
im strengen Sinne des Begriffs zu verzichten. Sodann müsste
man die Bemühungen zur Bekämpfung der Krebskrankheit in einem
Gesamtzusammenhang sehen. Die theoretischen Grundlagen zum
Screeningproblem findet man u.a. bei Zelen (5) und in einer
Folge von Arbeiten einer Gruppe an der Harvard-Universität (1-3).
Zum medizinischen Zusammenhang schreibt David Sackett (4):

"... existing screening and periodic health examination
programs have been found ... to have been conducted either
in the absence of, or in direct contradiction to evidence
for their clinical effectiveness ..."

Welche Instrumente auch immer man nun zur Bewertung von Früh-
erkennungsmassnahmen entwickeln wird, entscheidend wird stets
sein, wie gut man die Ärzte zur Mitwirkung wird motivieren
können.

Literatur

(1) Albert,A., Gertman,P.M., Louis,T.A.:Screening for the early
    detection of cancer I. The temporal natural history of a
    progressive disease state. Math.Biosci.40 (1978) 1-59

(2) Albert,A., Gertman,P.M., Louis,T.A., Liu,S.I.: II. The
    impact of screening on the natural history of the diseaese.
    Math.Biosci.40 (1978) 61-109

(3) Louis,T.A., Albert,A., Heghinian, S.: III. Estimation of
    diseaese natural history. Math.Biosci. 40 (1978) 111-144

(4) Sackett, D.L.: Screening for early detection of diseaese:
    To what purpose? Bull.N.Y.Acad.Med. 51 (1975) 39-52

(5) Zelen,M.: Problems in early detection and the finding of
    faults. Bull.Intern.Statist.Inst. 44,1 (1971) 649-661

&Leistungen können vor diagnostischer Klärung abgerechnet werden.

MÖGLICHKEITEN DER INTENSIVIERUNG DER
KREBSFRÜHERKENNUNG

H.-W. Lüdke

An der gesetzlich eingeführten Krebsfrüherkennung nehmen weniger als
40 % der berechtigten Frauen und weniger als 20 % der berechtigten
Männer teil; es können weniger als 50 % der Krebse bei Frauen und weniger als 20 % der Krebse bei Männern erkannt werden (1). Eine Intensivierung der Krebsfrüherkennungsmaßnahmen ist mit Hilfe folgender
Strategien möglich:

1. Verbesserung des Teilnahmeverhaltens.
2. Konzentration der Maßnahmen auf Risikogruppen.
3. Verbesserung der diagnostischen Methoden.

Erfolgsbeurteilung

Alle drei Strategien haben gemeinsam, daß es schwierig ist, den Erfolg oder Mißerfolg einer bestimmten Maßnahme zu beurteilen. Noch
schwieriger ist es, Aussagen über die Effizienz solcher Maßnahmen zu
treffen, denn dazu ist noch eine Kosten-Nutzen-Analyse zu erstellen
und eine Bewertung abzugeben.

Die gemeinsame Ursache dieser Probleme ist in den lückenhaften epidemiologischen Daten über die Krebsmorbidität begründet. Die Angaben
stammen aus Klinikstatistiken, regionalen und Organkrebsregistern,
die nicht vollständig oder repräsentativ sein können. Das Gleiche
gilt für die Auswertung der gesetzlichen Krebsfrüherkennung. Dadurch
entfällt die Möglichkeit, an einer Stichprobe eine bestimmte Maßnahme zu erproben und den Effekt mit bekannten Verhältnissen in der Population zu vergleichen. Das Datenschutzgesetz wird dies Problem eher
verschärfen.

Abgesehen von der Unvollständigkeit und Uneinheitlichkeit vorliegen-
der Daten ist die epidemiologische Beurteilung einer breit eingesetzten Methode erst nach einem langen Zeitraum möglich. So konnten kanadische Epidemiologen erst nach 30 Jahren ein Urteil über den Effekt
des Abstriches nach Papanicolaou für die Früherkennung des Portiocar-
cinoms abgeben (2).

Als Alternative bietet sich eine als Panelstudie angelegte Felduntersuchung an. In einer randomisierten Stichprobe werden die interessierenden Merkmale bei Beginn und nach Einführung verschiedener neuer Verfahren in - beispielsweise jährlich - wiederholten Untersuchungen erhoben. Zwar kann mit Hilfe einer Befragung festgestellt werden, wieviel Prozent der Population eine Teilnahme wollen oder nicht wollen. Daraus ergibt sich aber nicht, wieviele auch tatsächlich über Jahre hinweg teilnehmen werden. Aus diesem Grund genügen Erhebungen, die eine Befragung nach der Teilnahme zum Gegenstand haben, nicht. Dazu müssen die Untersuchungen selbst durchgeführt werden. Es ist auch noch nicht bekannt, ob das Teilnahme- bzw. Nichtteilnahmeverhalten eine praktische bedeutsame Verzerrung der Stichprobe hinsichtlich der zu untersuchenden Merkmale bewirkt. Während über die Krebsmorbidität wenig bekannt ist, liefert das regionale Amt für Statistik und Einwohnerwesen brauchbare soziologische Daten. Man kann die Probanden nach diesen Daten befragen und durch einen Vergleich die Größe der Verzerrungen schätzen.

Teilnahmeverhalten und Motivation

Beurteilungsprobleme treten besonders bei Motivationsstudien auf. Diese Untersuchungen sind wegen der schlechten Beteiligung an Früherkennungsmaßnahmen wichtig. Eine Studie in unserem Raum (3) hat ergeben, daß bei Behörden, Vereinen und Medien Bereitschaft vorhanden ist, bei der Gesundheitserziehung mitzuwirken. Eine solche Bereitschaft bestand aber auch schon zu Beginn der gesetzlichen Krebsfrüherkennung und die zentrale Frage, ob durch solche Maßnahmen die Teilnahme tatsächlich steigt, konnte nicht beantwortet werden.

Bei Veränderung der Motivation muß in längeren Zeiträumen gerechnet werden. Die erheblich bessere Teilnahme von Frauen an der Krebsvorsorge ist wohl auch dadurch zu erklären, daß Gynäkologen die Frauen seit fast 100 Jahren in dieser Richtung beeinflussen (4).

Organisatorische Barrieren

Klarer zu definieren sind einige organisatorische Barrieren, die das Teilnahmeverhalten beeinflussen können: Wartezeiten beim Arzt, Mangel an einem konkreten Angebot oder einer konkreten Aufforderung, Vergabe von festen Terminen. Die Untersuchung solcher Maßnahmen ist möglich.

Die Probanden müssen ohnehin zur Teilnahme aufgefordert werden. Es
müssen Termine vergeben werden. Der Untersuchungsgang selbst kann so
organisiert werden, daß den Probanden eine geringe Wartezeit zugesichert werden kann.

Der Einfluß solcher Barrieren auf das Teilnahmeverhalten wird allerdings unterschiedlich bewertet (5).

Die verwaltungstechnische Abwicklung derartiger Maßnahmen - etwa
durch die Krankenkassen - ist sicher nicht schwierig. Hier kommt es
auf eine Kosten-Nutzen-Analyse an. Unter anderen gesellschaftlichen
Bedingungen ist es bereits gelungen, eine Teilnahme von nahezu
100 % der Berechtigten zu erzielen (6).

Risikogruppen

Die zur Tumorsuche notwendige Diagnostik kann erhebliche Kosten verursachen, eingreifende Untersuchungen verlangen und trotzdem nicht
zu einem definitiven Ergebnis führen. Daraus ergibt sich, daß eine
Tumorsuche in der Gesamtbevölkerung nicht sinnvoll ist. Selbst die
Früherkennungsuntersuchungen sind zu handwerklich und zu teuer, um
sie auf die gesamte Bevölkerung ausdehnen zu können.

Die Krebsfrüherkennung wird daher auf eine Risikogruppe beschränkt.
Der Zusammenhang zwischen Alter und Krebs ist epidemiologisch gut
gesichert. Bei über 30-jährigen Frauen und den über 45-jährigen Männern steigt die Krebsmortalität auf über das Dreifache.

Man kann versuchen, weitere Risikogruppen zu finden, z. B. solche
mit bestimmten beruflichen Expositionen, Gewohnheiten, Rassemerkmalen, Grundkrankheiten und anderen individuellen Merkmalen neben dem
Alter. Diese Versuche haben bisher keine praktischen Konsequenzen
gehabt. Im Rahmen der amerikanischen Krebsforschungsbemühungen seit
1970 wurde versucht, Risikomerkmale für das Auftreten eines Mamma-
Ca's aufzudecken. 70 % aller Frauen waren Träger von Risikofaktoren.
Damit wird das Risikogruppenverfahren unbrauchbar. Eine Risikogruppe
bilden Patienten mit Leberzirrhose, von denen 25 % ein primäres Lebercarcinom (PLC) entwickeln. Durch die α_1-Feto-Proteinbestimmung
kann ein PLC nachgewiesen werden. Auch ist das PLC durch Operation
gut zu behandeln. Die Art der Grundkrankheit stellt allerdings die
Effizienz solcher Maßnahmen in Frage.

Risikopersonen und Risikosyndrome

Es gibt gerontologische, psychologische und immunologische Ansätze,
die hinsichtlich der Krebsentstehung das Gewicht nicht so sehr auf
das Auftreten von Krebszellen und Tumoren, sondern vielmehr auf die
Reaktion des Organismus bzw. der Persönlichkeit auf dieses Ereignis
legen. Nach Orgel treten minderwertige, fehlerhafte und eben auch
Krebszellen in jedem Organismus auf (7). Solche Zellen werden norma-
lerweise vernichtet. Die Krebskrankheit besteht darin, daß der Organismus dazu nicht fähig ist.

Bahnson meint, daß Personen, die zu einer Krebsabwehr nicht in der
Lage sind, Persönlichkeitsmerkmale aufweisen, die mit Hilfe psycho-
sozialer Fragebögen aufgedeckt werden können (8). In einer größeren
Panelstudie kann der Wert solcher Verfahren geprüft werden.

Dabei wäre es auch möglich, allgemein Risikosyndrome für das Auftreten von Krebs zu suchen. Wenn von sehr vielen Probanden, deren Schick-
sal verfolgt werden konnte, sehr viele Merkmale erfaßt wurden, kann
an dem so gewonnenen Material untersucht werden, ob sich Kombinationen
von Anamnesefragen und Untersuchungsbefunde ergeben, die einen Hinweis für das Auftreten eines bestimmten Krebses oder von Krebs überhaupt liefern.

Entsprechend kann auch geprüft werden, ob eine bestimmte in der Krebsfrüherkennung gebräuchliche Anamnesefrage oder Untersuchung überhaupt
einen Wert für die Krebsfrüherkennung hat.

Verbesserung der diagnostischen Methoden

Der diagnostische Wert der Anamnesefragen und klinischen Untersuchungsbefunde bei den Krebsfrüherkennungsmaßnahmen müßte mit Hilfe der beschriebenen Methode zu verbessern sein.

Eine entscheidende Verbesserung würde ein Labortest mit breiter Anwen-
dungsfähigkeit darstellen. Ein derartiger Krebstest ist noch nicht ent-
wickelt. Er müßte möglichst viele der folgenden Eigenschaften haben:
Geringe Kosten, hohes Unterscheidungsvermögen zwischen Krebs und Nicht-
krebs, Feststellung der Lokalisation des Krebses, geringe Belastung
für den Patienten, einfache Handhabung und dadurch geringe Fehlermög-
lichkeit; vergleichbar einem Urinteststreifen, der mehrere Reaktionen
anzeigt.

Die zur Zeit diskutierten Krebstests - meistens auf zellulär-immuno-
logischer Basis - genügen diesen Anforderungen noch nicht. Ganz abgesehen von der diagnostischen Verwertbarkeit ist z. B. bei den Lympho-
cytentests eine umständliche Isolierung der Zellen unter sterilen Bedingungen erforderlich. Eine MTA kann daher höchstens 10 Bestimmungen
am Tag durchführen.

Trotzdem sollte bereits in diesem Entwicklungsstadium die diagnostische Verwertbarkeit im Feldversuch geprüft werden.

Die Entwicklung der Teststreifen zeigt, daß erst der diagnostische
Wert einer Methode nachgewiesen werden muß, bevor die Rationalisierung
und Breitenanwendung einsetzt.

Literatur

1. Goerttler, K.: Kolorektale Krebsvorsorge, Nürnberg 1978.
2. Gnauck, R.: Darmkrebsscreening mit dem Haemoccult-Test. Ein Fortschritt in der Früherkennung. Moderne Medizin 7 (1979), S. 91-94.
3. Füller, A., J.v.Troschke, Kyriakos Hadjilambris: Modellprogramm
   Emmendingen zur Verbesserung der Teilnahme an Krebsfrüherkennungsuntersuchungen in J.v.Troschke, F.W. Schwarz: Medizinsoziologische
   Untersuchungen zum Gesundheits-, Krankheits- und Patientenverhal-
   ten. Stuttgart 1979.
4. Döderlein, A. und Krönig, B.: Operative Gynäkologie, Leipzig 1905.
5. Eichner, H.: Die Rolle des Hausarztes in der Prävention. Der praktische Arzt 4 (1979), S. 330-336.
6. Hüttner, I., Hüttner, M., Fuchs, M., Otto, G., Seidel, Ch.: Das
   Verhalten zur gynäkologischen Vorsorgeuntersuchung. Zeitschrift
   für ärztliche Fortbildung 67, Heft 21, S. 1095-1100, 1175-1177,
   1210-1214 (1972).
7. Orgel, L.E.: The maintenance of accuracy of protein synthesis
   and it's relevance to ageing. Proc. nat. Acad.Sci., Wash. 49,
   S. 517-521 (1963).
8. Cramer, J., Blohmke, M., Bahnson, C.B., Bahnson, M.B., Scherg, H.,
   Weinhold, M.: Psychosoziale Faktoren und Krebs, Münchner Medizinische Wochenschrift 43, S. 1387-1392 (1977).

ANALYSE DES TEILNEHMERVERHALTENS BEI
KREBSFRÜHERKENNUNGSMASSNAHMEN

Christine Brühne, F.W. Schwartz

I.
Wieviele Personen das Angebot der gesetzlichen Krebsfrüherkennungsuntersuchungen wahrnehmen, weiß man. Warum aber diejenigen, die kommen, dies
tun, und was die Gründe derjenigen sind, die nicht teilnehmen, das kann
man nur vermuten. Die Motive der Teilnehmenden und Nicht-Teilnehmenden
zu untersuchen, ist im Rahmen einer Wirkungsverbesserung des Früher-
kennungsprogramms unerläßlich: Die Effektivität eines solchen Programms
steht und fällt mit dessen Akzeptanz. So gut auch alle anderen Stationen
im Ablauf der weiteren Versorgung sein mögen (siehe Referat Schwartz,
Brecht, Holstein), sie schlagen in der Gesamtbilanz eines Programms
nicht zu Buche, wenn die Betroffenen das Angebot nicht wahrnehmen - weil
sie es ablehnen oder weil sie es nicht wahrnehmen können.

Die Entscheidung, sich einer Krebsfrüherkennungsuntersuchung zu unterziehen, hat eine Reihe wichtiger Voraussetzungen. Die grundlegende,
meist selbstverständliche und nicht genannte sei mit dem "Wunsch nach
Gesundheit" bezeichnet. Dieser Wunsch fällt nicht notwendig zusammen
mit der Bereitschaft, etwas für diese Gesundheit zu tun. Zu beachten
ist bei der Krebsfrüherkennung besonders, daß Aktivitäten von den Betroffenen erwartet werden für ein Ziel, das keinen direkt greifbaren
Gewinn darstellt. Bei optimalem Zielerreichungsgrad wird eine Krankheit
früh entdeckt - aber eben eine Krankheit, etwas Unangenehmes; daher kann
die Teilnahme an einer Früherkennungsuntersuchung nicht positiv, sondern
nur negativ motiviert werden: sie dient "nur" der Vermeidung (eher noch
Abschwächung) eines unerwünschten Ereignisses.

Der Zusammenhang einer Vielzahl motivierender Faktoren kann an einem
Entscheidungsdiagramm verdeutlicht werden.

AKZEPTANZ DES KREBSFRÜHERKENNUNGSPROGRAMMS

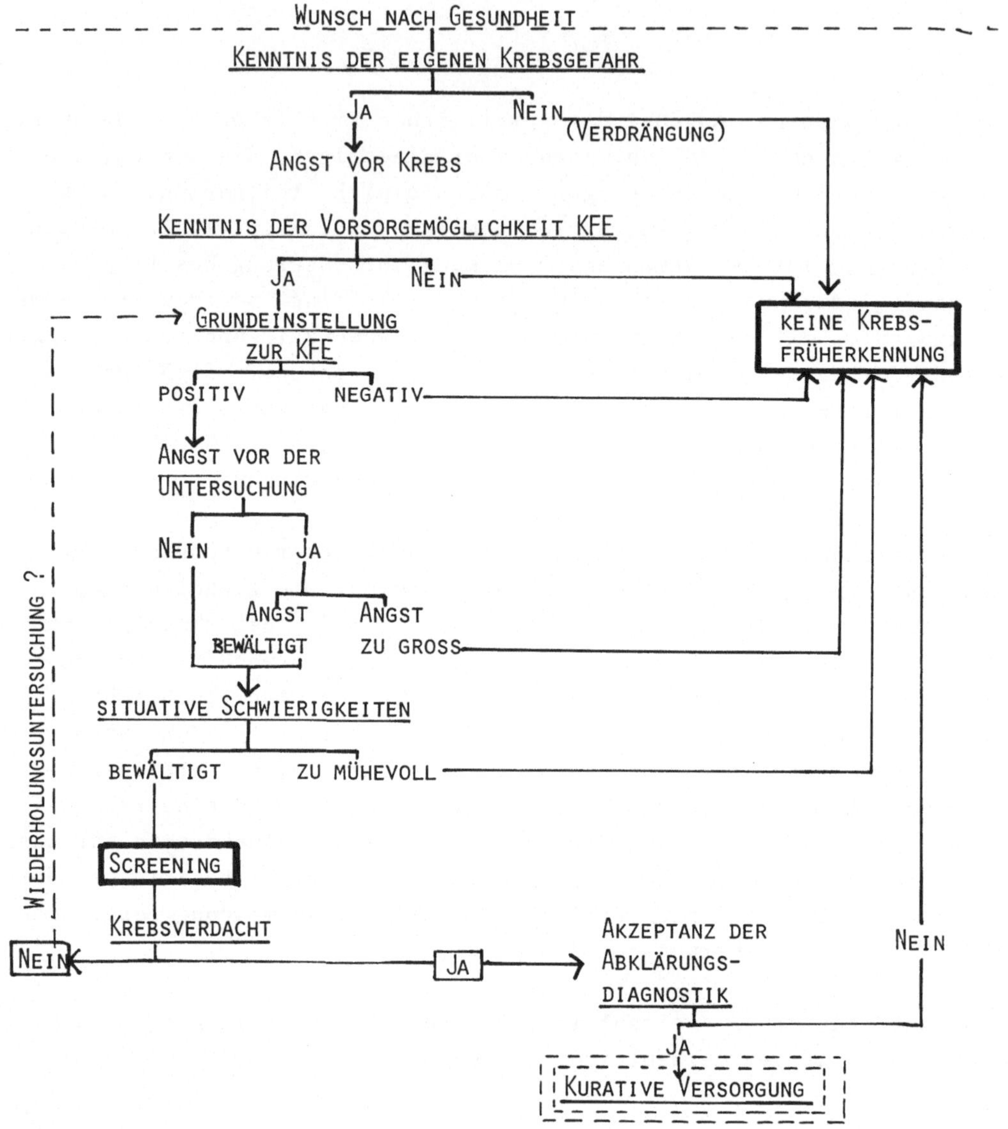

KFE = KREBSFRÜHERKENNUNG   SCHWARTZ/BRÜHNE 1979

II.

Charakteristisch für dieses Ablaufschema ist es, daß der potentielle
Teilnehmer schon bei vereinfachter Darstellung sieben identifizierbare
Entscheidungsalternativen zu durchlaufen hat, bis er zu einer positiven
Entscheidung gelangt. Hieran ist folgendes wichtig: Die erwünschte Ziel-
Handlung ist nicht mit einem einzigen Entscheidungsschritt über alle
Stufen hinweg zu erreichen. Je mehr Alternativen der Entscheidungspro-
zeß stellt, desto öfter ergibt sich für den Betroffenen die Möglichkeit,
den (aus unserer Perspektive optimalen) Verlaufsweg zu verlassen. Nicht-
teilnahme hingegen bedarf weder einer bewußten Entscheidung, noch sind
zur Realisierung mehrere Schwellen zu überwinden - man tut einfach gar-
nichts. Das charakterisiert die Anfälligkeit des als "Akzeptanz" bezeichneten Verhaltens der Zielgruppe. Maßnahmen mit dem Ziel, die Beteiligung an den Krebsfrüherkennungsuntersuchungen zu steigern, sollten deshalb vor allem nicht global angesetzt, sondern auf die jeweils einzelnen Entscheidungsschritte bezogen werden. Für eine Analyse der Motive
der Nicht-Teilnehmer wäre es wichtig herauszufinden, an welcher Stelle
des Entscheidungsprozesses sie "ausgestiegen" sind.

Nun zu den Verzweigungen des Entscheidungsweges.

1. An zwei Stellen spielt <u>Wissen</u> eine Rolle. Einmal als Voraussetzung
   zur richtigen Einschätzung der eigenen Gefährdung durch Krebs. Danach als Kenntnis der präventiven Möglichkeit einer Krebsfrüherkennungsuntersuchung. Die Zahl derer, die darüber Bescheid weiß, ist
   größer als der Teilnehmerkreis. [1] Wichtiger allerdings als die allgemeinen Kenntnisse scheint die Beurteilung der Erfolgsaussichten für
   eine Frühtherapie zu sein. Die öffentliche Meinung trennt im allgemeinen nicht nach den unterschiedlichen Heilungsaussichten der verschiedenen Krebsarten und begünstigt dadurch eine negativere Einstellung als angemessen wäre (und damit wohl auch eine geringere Teil-
   nahmebereitschaft). [2]

---

[1] Neumann 1969, Häussler u.a. 1973, Schmoll, Schwoon 1977.

[2] Wakefield, 1969; Rosenstock, 1966; Häussler u.a., 1973.

2. Die <u>Grundeinstellung</u> zur Krebsfrüherkennungsuntersuchung hängt sicherlich mit dem Wissen und dem möglichen Erfolg, dem man ihr zuspricht, zusammen. Darüber hinaus scheinen - zumindest bei Frauen - ein ausgeprägtes körperliches Bewußtsein und die Fähigkeit über sexuelle Probleme zu sprechen, mit der Bereitschaft, an Früherkennungsuntersuchungen teilzunehmen, zu korrelieren. [1])

3. <u>Angst</u> und <u>Unbehagen</u> scheinen im Motivkomplex zur Krebsfrüherkennungsuntersuchung die größte Rolle zu spielen. [2]) Worauf genau die Angst sich bezieht, ist mit standardisierten Befragungen kaum zu erheben. Schon die diffuse Angst, krebskrank zu sein oder zu werden, kann so groß sein, daß sie verleugnet wird. Daneben wirkt die Erwartung, daß die Früherkennungsuntersuchung unangenehm oder sogar schmerzhaft sei, hemmend. Möglich ist auch, daß die Angst vor dem Untersuchungsergebnis zu groß wird. Teilnehmer, bei denen das zutrifft, erscheinen dann nach einem verdächtigen Befund nicht zur Abklärungsdiagnostik. [3])

4. Neben den motivationalen gibt es <u>situative Schwierigkeiten</u>, die die Teilnahme an Früherkennungsuntersuchungen erschweren. Hierzu gehört die räumliche Erreichbarkeit des Arztes, der die Früherkennungsuntersuchung anbietet, und vor allem die zeitliche Dispositionsmöglichkeit der potentiellen Teilnehmer. Die oft genannten zu langen Wartezeiten beim Arzt betreffen ein Hindernis, das im Prinzip durch organisatorische Änderungen lösbar ist. Anders beim Argument "Zeitmangel": Es ist ein beliebtes, weil glaubwürdiges Deckargument für andere Gründe, z.B. Angst. [4]) Ebenso kann dieses Argument auch als Hinweis dafür genommen werden, daß die Motivation zur Früherkennungsuntersuchung nicht stark genug ist, um Hemmnisse zu überwinden.

---

[1]) Wenderlein, 1976, Herms u.ä., 1976.

[2]) vgl.besonders Greenwald, 1978; Rosenstock, 1976; Verres, 1978; Fargel u.a. 1975; Henderson, 1977; Pflanz, in: Mitscherlich (Hrg.), 1972.

[3]) Ein Abbruch der diagnostischen Abklärung (Nichterscheinen trotz persönlicher Aufforderung) wurde für Frauen 1974 in der Bezirksstelle Göttingen erhoben.

[4]) vergl. Greenwald, H.P. et. al., 1978, Seite 225.

5. An mehreren Stellen des Entscheidungsweges spielt der <u>Arzt</u> eine maß-
gebende Rolle. Seine Informationen und Aufforderungen gelten als besonders wirkungsvoll. Viele zum Thema Befragte wollen von ihm in-
formiert werden. Wesentlich ist das Verhältnis zwischen Arzt und Patient, das während der kurativen Versorgung aufgebaut wurde. [1]) Besonders großen Einfluß hat das Verhalten des Arztes, der die Früherkennungsuntersuchung durchführt. Bei der Entscheidung desjenigen,
der schon teilgenommen hat, ob er es im darauffolgenden Jahr wieder
tun wird, spielt die Erfahrung, die er bei der ersten Früherkennungsuntersuchung gemacht hat, eine wesentliche Rolle.

Die bisher genannten Einflußfaktoren lassen sich für das Gesamtkollek-
tiv der für eine Krebsfrüherkennungsuntersuchung Infragekommenden
nicht quantifizieren. Das ist wichtig, wenn Maßnahmen zur Steigerung
der Teilnehmerbereitschaft getroffen werden sollen; bisher ist nicht
deutlich, welcher Ansatzpunkt die größte Effektivitätssteigerung verspricht.

III.
Mit der gesetzlichen Dokumentation zur Krebsfrüherkennungsuntersuchung
liegen eine Reihe sozialstatistischer Daten für sämtliche Teilnehmer
der Krebsfrüherkennungsuntersuchung seit Einführung des Programms
1971 vor. Anhand dieser Daten können bestimmte Teilnehmergruppen charakterisiert werden; sicher nicht nach der Ursache ihrer Teilnahme,
aber man wird davon ausgehen können, daß Motive und Gründe, teilzunehmen, mit den sozialstatistischen Merkmalen der Teilnehmer korrelieren.
(Schema 2)

Am auffälligsten und bekanntesten ist die unterschiedliche Beteiligung
nach <u>Geschlechtern</u>. Das liegt sicher nicht nur am geschlechtsspezifischen
Inanspruchnahmeverhalten der Teilnehmer.

---

[1]) Eine ganze Reihe Teilnehmer an Krebsfrüherkennungsuntersuchungen kommen aus der kurativen Versorgung; s. Schwartz 1979.
Zum Einfluß des Arztes vgl. die Untersuchung von z.B. Fargel u.a.,
1975, 1977, Henderson, 1977.

EINFLUSSFAKTOREN DER TEILNAHME AN
KREBSFRÜHERKENNUNGSUNTERSUCHUNGEN

Schema 2

I.
Motive

- GESUNDHEITSMOTIVATION
  - ANGSTVERARBEITUNG
  - WISSEN
  - BEZIEHUNG ZUM ARZT

II.
Äussere
Gründe

- NÄHE ZUM ARZT
- (FACH-)ARZTDICHTE
- WARTEZEIT
- VERFÜGBARKEIT ÜBER DIE EIGENE ZEIT
- BESCHWERDEN

III.
korrelierende
sozialstatis-
tische
Merkmale

- ALTER
- GESCHLECHT
- SCHICHT
- STELLUNG IM BERUFSLEBEN

Zu bedenken ist, daß die Krebsfrüherkennungsuntersuchung sich bei Frauen
und Männern auf unterschiedliche Organe bezieht, deswegen unterschiedliche
Methoden mit dementsprechend unterschiedlichen Erfolgsaussichten benutzt,
und bei unterschiedlichen Altersgruppen sich abspielt.   (Abb. 1)
Die Frauen zeigen eine deutlich besserer Teilnahme, ihr erheblicher Teil-
nahmevorsprung hat sich allerdings verringert. Die Beteiligung steigt bei
den Frauen nicht mehr so stark wie bei den Männern.

Wesentlich ist, daß von den Beteiligungsquoten eines Jahres nicht auf
die Gesamtzahl der von der Früherkennung Erfaßten geschlossen werden
darf. Jährliche Teilnahme ist zwar Ziel der Untersuchung, doch auch diejenigen, die größere Pausen machen, gehören zum Gesamtkreis der Teilnehmer. Die Dokumentation erfaßt das Jahr der letzten Untersuchung, der
durch die offiziellen jährlichen Beteiligungsangaben umrissene Personenkreis ist demnach deutlich kleiner als derjenige, der in einem
mehrere Jahre umfassenden Zeitraum überhaupt zur Früherkennungsuntersuchung gekommen ist. Leider können, wegen des mangelnden Personenbe-
zugs der Dokumentation, über die Größe dieser Gruppen keinerlei Angaben gemacht werden. [1])

Abb. 1 zeigt, daß neben dem Geschlecht das <u>Alter</u> der Teilnehmer wesentliche Determinate für ihr Verhalten ist. Es wird deutlich, daß die (unterschiedliche) gesetzliche Altersgrenze, die den Kreis der Berechtigten
definiert (von den Kassen aber nicht strikt eingehalten wird), sich
auf die Beteiligung auswirkt. Sowohl bei Männern wie bei Frauen liegt
das Maximum der Beteiligung (1977) in der 2. 5-Jahresklasse nach dieser
Altersgrenze. Mit zunehmenden Alter geht die Beteiligung der Männer relativ viel weniger zurück als die der Frauen. Hierbei mögen auch alters-
und geschlechtsabhängige kurative Arztkontakte eine Rolle spielen;
Frauen suchen, vor allem im befruchtungsfähigen Alter, häufig den Gynäkologen auf (Beschwerden im Zusammenhang mit der Menstruation,

---

[1]) In einer - nicht repräsentativen-Befragung in Emmendingen, 1977, gaben die Hälfte von 1100 befragten Personen an, ein- oder mehrmals an
Krebsfrüherkennungsuntersuchungen teilgenommen zu haben. Es muß hierbei allerdings daran gedacht werden, daß bei den Befragungen das als
erwünscht angesehene Verhalten möglicherweise häufiger angegeben wurde, als es tatsächlich geschah.
Füller, A., J.v. Troschke, 1979.

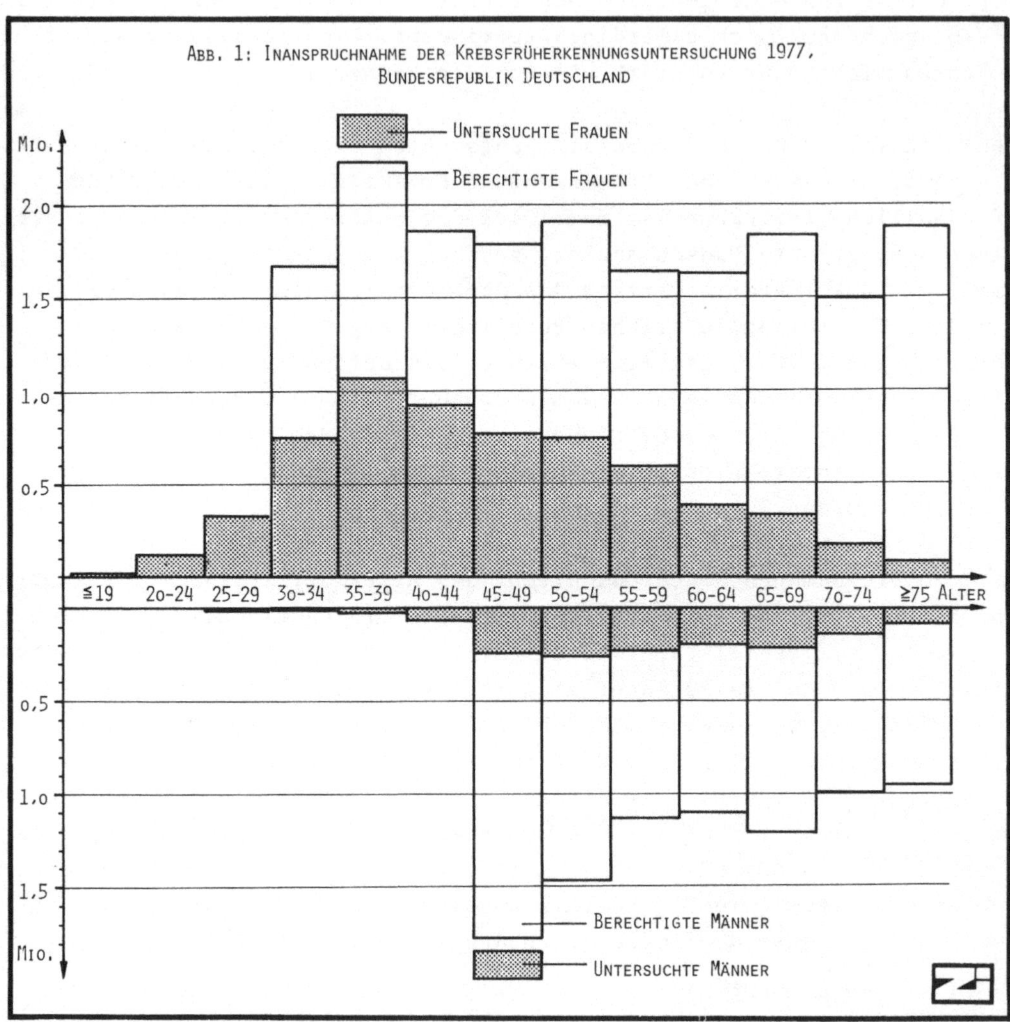
ABB. 1: INANSPRUCHNAHME DER KREBSFRÜHERKENNUNGSUNTERSUCHUNG 1977,
BUNDESREPUBLIK DEUTSCHLAND
MIO.
UNTERSUCHTE FRAUEN
BERECHTIGTE FRAUEN
2,0
1,5
1,0
0,5
≦19   2o-24   25-29   3o-34   35-39   4o-44   45-49   5o-54   55-59   6o-64   65-69   7o-74   ≧75   ALTER
0,5
1,0
1,5
BERECHTIGTE MÄNNER
MIO.
UNTERSUCHTE MÄNNER

Familienplanung, Schwangerschaft); einschlägige Anlässe für Männer, den
Urologen aufzusuchen (Prostatabeschwerden, Haemorrhoiden), gibt es zumeist erst nach dem Alter von 5o Jahren. [1] Hierfür spricht auch eine
Auswertung der gesetzlichen Krebsfrüherkennungsdokumentation hinsichtlich einschlägiger Beschwerden und Vorereignisse. Teilnehmende Frauen
haben, je jünger sie sind, umso häufiger Beschwerden. [2] Bei den Männern
hingegen nehmen die Beschwerden erst im Alter ab 6o stark zu.
Aus den Daten über die Kassenzugehörigkeit der Teilnehmer kann - weil
der Kreis der jeweils Versicherten sehr inhomogen ist - nicht direkt auf
schichtabhängiges Verhalten geschlossen werden. Einige Studien, bei denen
zusätzliche Schichtkriterien (Beruf, Schulbildung, Einkommen) erhoben
wurden, kamen zu dem Ergebnis, daß Angehörige höherer Sozialschichten
häufiger die präventive Krebsvorsorge in Anspruch nehmen. [3] Zieht man
die Daten über den Versichertenstatus (Mitglieder, Familienangehörige,
Rentner heran, so zeigt sich für die Rentner, - bei allen Kassen -
eine sehr viel geringere Beteiligung als bei den Übrigen (was,wie schon
oben gesagt, mit der Aufschlüsselung nach Altersgruppen übereinstimmt).
Der Rentneranteil einer Kasse und ihre Beteiligungsquote korrelieren
hoch. Die oft diskutierten Beteiligungsunterschiede zwischen Versicherten verschiedener Kassenarten lassen sich also zum Teil durch den unterschiedlichen Rentneranteil statistisch erklären. [4] Auffällig ist auch die
unterschiedliche Beteiligung von weiblichen Mitgliedern (berufstätige
Frauen) und weiblichen Angehörigen (Hausfrauen). Der Schluß liegt nahe[5],
daß besonders Mütter mit kleinen Kindern ihre situativen Schwierigkeiten
nicht bewältigen und daher weniger oft teilnehmen.

---

[1] Gynäkologen führen über 8o % Krebsfrüherkennungsuntersuchungen bei
Frauen durch, Urologen ungefähr 15 % der Untersuchungen bei Männern;
die meisten Untersuchungen bei Männern werden von Allgemeinärzten gemacht.

[2] Boschke, S. 78; nur 34 % der bis 19-Jährigen, bzw. 58 % der 3o-34-Jäh-
rigen sind beschwerdefrei, dagegen 71 % der 7o-74- Jährigen.

[3] Pauli, H.K., Trotnow, 1974; Wakefield, J., 1969; Häussner et.al. 1973.

[4] Schwartz, 1979

[5] vgl. Schrage, 1976, S. 1o f.

IV.

Eine Effektivitätssteigerung des Krebsfrüherkennungsprogramms ist vor
allem über eine erhöhte Teilnehmerzahl zu erreichen. Im Rahmen einer
differenzierten Analyse des Verhaltens der Betroffenen sollten folgende
Fragestellungen berücksichtigt werden:

- die Einstellung und Erfahrungen von Teilnehmern an Krebsfrüherkennungsuntersuchungen mit und ohne Krebsverdacht,

- die Motive zur Teilnahme bzw.Nichtteilnahme durch genaue Befragung
  abgrenzbarer Gruppen (z.B. Hausfrauen, Mütter, alte Leute)

- Umfang und Ursache von Non-Compliance bei der Abklärung von Krebsverdachtsdiagnosen

- die Einstellung und das Wissen von Ärzten zur Krebsfrüherkennung,
  ihre Angebotsorganisation und Erfahrung zur Beteiligung ihrer Patienten.

Literatur:

BOSCHKE, W.L.: Krebsfrüherkennungsdokumentation 1975. Untersuchung im
Auftrag des Zentralinstituts für die kassenärztliche Versorgung, Köln,
unveröffentlichtes Manuskript

FÜLLER, A., J.v. TROSCHKE, Gesundheitsverhalten Emmendinger Bürger,
unveröffentlichtes Manuskript, 1979.

GREENWALD, H.P. S.W. BECKER, and M. C. NERVITT, Delay and Noncompliance
in Cancer Detection, A Behavioral Perspective for Health Planners,
in: Milbank Memorial Fund Quarterly/Health and Society, Vol. 56, Nr. 2,
1978.

HÄUSSLER,S. et al. Versicherungsbefragung zur Früherkennungsuntersuchung
auf Krebs für Frauen und Männer, Schriftenreihe der Vereinigung der
Hochschullehrer und Lehrbeauftragten für Allgemeinmedizin e.V., Stuttgart
1973, S. 16.

HENDERSON, J.G., Denial and repression as factors in the delay of patients
with cancer presenting themselves to the physician,
in: Annals of the New York Akademy of Sciences, 125, (1977), S. 856 - 864

HERMS,V. et al.: Die gynäkologische Krebsvorsorge: soziale,sexuelle
und psychosomatische Gesichtspunkte.
in: Med. Welt 27 (N.F.), 1o, 1976, S. 452 - 457

HERWIG, E.: Krankheitsfrüherkennung Krebs Frauen und Männer, Aufbereitung
und Interpretation der Untersuchungsergebnisse aus den gesetzlichen
Früherkennungsmaßnahmen 1972. Köln: Dtsch. Ärzteverl., 1975 und 1977,
(Wissenschaftliche Reihe des Zentralinstituts, Bd. 1 und Bd. 6).

HEYDEN, S., Neue Methoden zur Früherkennung der Krebserkrankung, Der
Kassenarzt 18, 1978, Heft 3o, S. 59o2 - 5962

HÜTTNER, I. u.a., 1973, Das Verhalten zur gynäkologischen Vorsorgeuntersuchung, Z.Schr. Ärztl.Fortb. 67, 1o95 - 11oo, 1175 - 1177, 121o - 1214.

LEVENTHAL, H., Fear Appeals and Persuation: The Differentation of am Mo-
tivational Construct,
in: American Journal of Public Health, 61, 12o8, 12o8 - 1244, 1971

NEUMANN,G.: Das Problem der Krebserkrankung in der Vorstellung der Bevölkerung, Stuttgart: Thieme 1969

PAULI, H.K. und F. Trotnow, Krebserkrankung bei der Frau und der Gang
zur Vorsorgeuntersuchung,
in: Geburtshilfe und Frauenheilkunde 34, 1974, Seite 96o - 965.

ROSENSTOCK, J.M., Why People Use Health Services,
in: Milb. Mem. F. Quarterly 44 (1966) 94-127

SCHMOLL, H.-J. D. SCHWOON: Die Motivation zur Teilnahme oder Nichtteil-
nahme an der Krebsfrüherkennungsuntersuchung,
in: ZENTRALINSTITUT, 1977, S. 46-58 , Heft 8

PFLANZ; M. Gesundheitsverhalten
in: Der Kranke in der modernen Gesellschaft, A. Mitscherlich et al. (Hrg.),
Köln, 1972, S. 283 - 289.

SCHWARTZ, F.W.: Krebsfrüherkennungsuntersuchungen in der Bundesrepublik
Deutschland: Soziographische, sozialmedizinische und psychologische
Merkmale der Teilnehmer.
in: Wissenschaftliches Institut der Ortskrankenkassen, Materialien Bd. 4,
Gesundheitsverhalten und Früherkennung, Teil 2, 1979, S. 115-160.

SCHWARTZ, F.W., H. HOLSTEIN, J.G. BRECHT: Ergebnisse der gesetzlichen
Krebsfrüherkennung unter Effektivitätsgesichtspunkten. Im selben Band.

SCHRAGE, R.: Die Zusammensetzung der weiblichen Klienten bei Krebs-Früh-
erkennungsuntersuchungen,
in: Dtsch. Ärztebl. 73 (1976) 12, S. 8o9-814.

WAKEFIELD, Social and Educational Factors Affecting the Early Diagnosis
of Cancer,
in: Schweiz, med. Wschr. 99, 1969, S. 828-833

WENDERLEIN, J. M., Einstellung zur Heilbarkeit von Krebs und Teilnahme an
Krebsvorsorgeuntersuchungen,
in: Deutsches Ärzteblatt - Ärztliche Mitteilungen, 73 Jg. (1976), Heft 9,
S. 575 - 579

ZENTRALINSTITUT für die kassenärztliche Versorgung in der Bundesrepublik
Deutschland (Hrsg.): Früherkennung bösartiger Neubildungen bei der Frau.
Erfahrungsergebnisse der Krebsfrüherkennung im Rahmen der gesetzlichen
Krankenversicherung. Köln: Dtsch. Ärzteverl. 1977. (Heftreihe des ZENTRAL-
INSTITUTS, H. 8.)

ERGEBNISSE DER GESETZLICHEN KREBSFRÜHERKENNUNG
UNTER EFFEKTIVITÄTSGESICHTSPUNKTEN

F.W. Schwartz, H. Holstein, J.G. Brecht

A) Zum Begriff der Effektivität und seiner Bestimmung.

Unter Effektivität wird Zielerreichungsgrad verstanden. Sie hängt demnach von dem vorgegebenen Ziel eines Programmes ab. Jede Effektivitätsbestimmung im Gesundheitswesen sollte nicht nur prozessorientiert sein
sondern outcome-orientiert, mit Lebensqualität und Lebensdauer als Maß-
stab. Fragt man nach dem Ziel der Früherkennungsprogramme, so ist die
Frühdiagnose kein Selbstzweck, sondern Mittel zur Frühtherapie. Diese
zielt unter Zwischenschaltung einer angemessenen Nachsorge auf die Ver-
hütung von persönlichem Leid, Invalidität und dem vorzeitigen Tod. Dieser mehrgliedrige, jedoch unter dem Aspekt der Effektivität unteilbare
Zusammenhang läßt sich in einem Entscheidungsbaum darstellen (Abb. 1).
So einfach die theoretisch-mathematische Behandlung dieses Modells ist,
so schwierig ist seine praktische Verwirklichung. Dies gilt insbesondere
für die Bestimmung von Verzweigungswahrscheinlichkeiten mit Kombinationen, in denen Krankheit und Abklärungsdiagnostik nicht übereinstimmen,
da die Meta-Kontrolle der Diagnostik nicht nur selten durchgeführt wird,
sondern auch methodisch und ethisch deutliche Grenzen hat. So wird man
beispielsweise bei positivem Screeningtest aber negativer Abklärungsdiagnostik kaum systematische histologische Nachuntersuchungen durchführen. Als krank gilt in der praktischen Medizin im allgemeinen derjenige,
bei dem eine entsprechende Diagnose die wahrnehmbaren Beobachtungen erklärt.
Das Modell zeigt nicht nur die Elemente, die man notwendigerweise wissen
müßte, um eine Effektivitätsbestimmung des _präventiven_ Systems durchzuführen. Da die Effektivitätsbewertung meist komparativ angelegt ist im
Vergleich zur kurativen Versorgung so ist das Modell an den mit (*) ge-
kennzeichneten Stellen durch entsprechende _kurative_ diagnostische und
therapeutische Folgeschritte zu ergänzen. Durch dieses Schema läßt sich
auch deutlich machen, welche Schritte wir im Rahmen der gesetzlichen
Früherkennungsmaßnahmen tatsächlich messen.

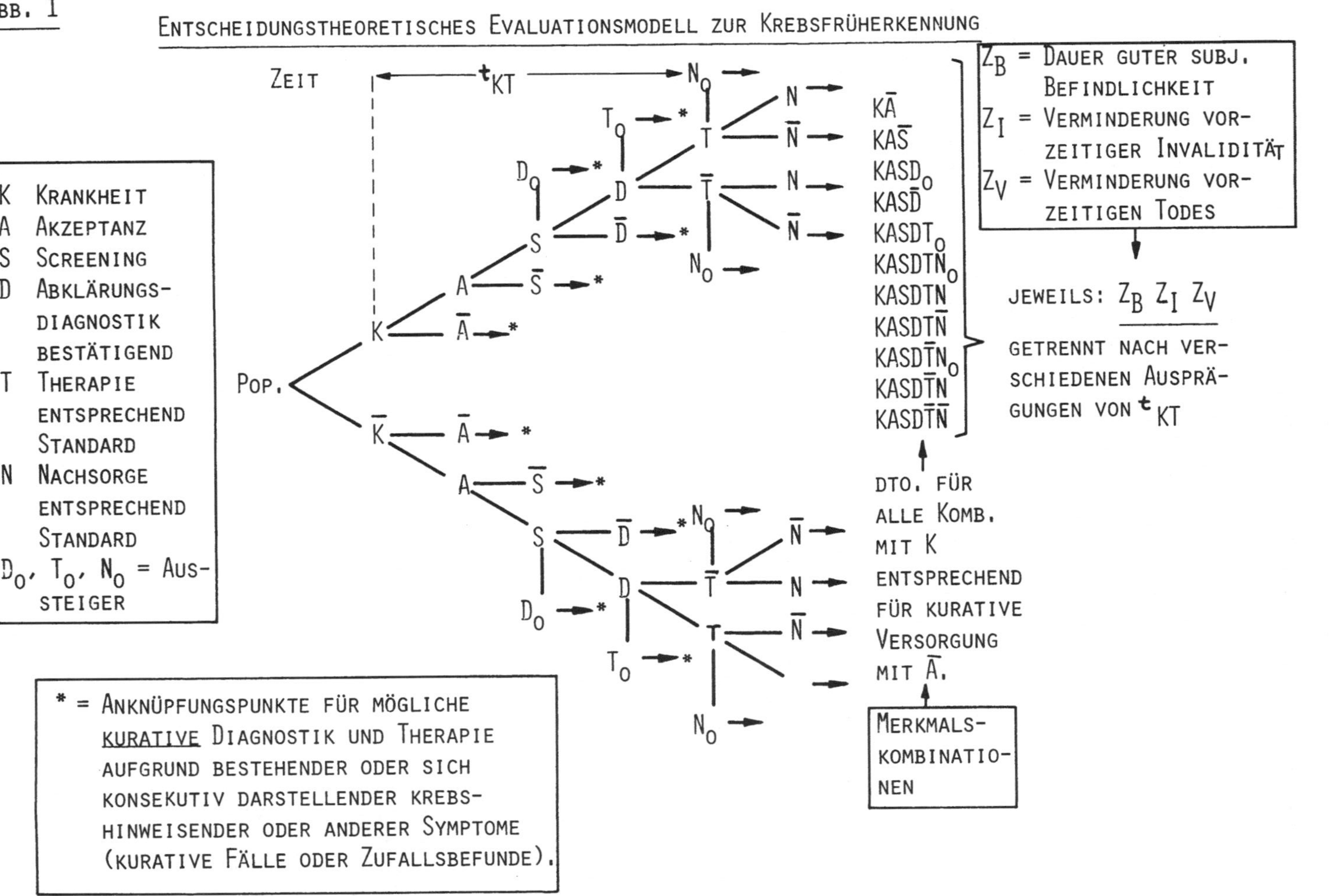
ABB. 1
ENTSCHEIDUNGSTHEORETISCHES EVALUATIONSMODELL ZUR KREBSFRÜHERKENNUNG
ZEIT
t_{KT}
K KRANKHEIT
A AKZEPTANZ
S SCREENING
D ABKLÄRUNGS-DIAGNOSTIK BESTÄTIGEND
T THERAPIE ENTSPRECHEND STANDARD
N NACHSORGE ENTSPRECHEND STANDARD
D_O, T_O, N_O = AUS-STEIGER
POP.
$K\bar{A}$
$KA\bar{S}$
$KASD_O$
$KAS\bar{D}$
$KASDT_O$
$KASDT\bar{N}_O$
$KASDTN$
$KASDT\bar{N}$
$KASDT\bar{N}_O$
$KASD\bar{T}N$
$KASD\bar{T}\bar{N}$
Z_B = DAUER GUTER SUBJ. BEFINDLICHKEIT
Z_I = VERMINDERUNG VOR-ZEITIGER INVALIDITÄT
Z_V = VERMINDERUNG VOR-ZEITIGEN TODES
JEWEILS: $Z_B\ Z_I\ Z_V$
GETRENNT NACH VER-SCHIEDENEN AUSPRÄ-GUNGEN VON t_{KT}
DTO. FÜR ALLE KOMB. MIT K ENTSPRECHEND FÜR KURATIVE VERSORGUNG MIT $\bar{A}$.
MERKMALS-KOMBINATIO-NEN
* = ANKNÜPFUNGSPUNKTE FÜR MÖGLICHE KURATIVE DIAGNOSTIK UND THERAPIE AUFGRUND BESTEHENDER ODER SICH KONSEKUTIV DARSTELLENDER KREBS-HINWEISENDER ODER ANDERER SYMPTOME (KURATIVE FÄLLE ODER ZUFALLSBEFUNDE).

B) Ergebnisse aus der gesetzlichen Krebsfrüherkennungsdokumentation.

Abb. 2 zeigt den tatsächlichen Meßprozess und die derzeitige Evaluation
des Krebsscreenings. Dabei wird angenommen, daß eine Krankheit (K) vorliegt, wenn die Diagnose (D) das positive Screening (S) bestätigt. Krankheit wird also durch eine positive Diagnose definiert, eine Evaluation
des diagnostischen Prozesses nach dem Screening mit Aufgliederung in
falsch oder richtig positive oder falsch oder richtig negative Diagnosen
findet nicht statt. (Diese Einschränkung gilt natürlich nicht nur für das
Krebsscreening, sondern entspricht ebenso der Praxis der kurativen Medizin). Die tatsächliche Sensitivität und Spezifität eines Tests wird also
stets schlechter sein, als sie sich mit der relativen Genauigkeit der zur
Diskriminierung in gesund/krank zur Verfügung stehenden Diagnostik bestimmen läßt; ausgenommen gewisser Tests, die sich unter vollkontrollierbaren
in-vitro-Bedingungen bestimmen lassen. Man muß dabei sehr genau das der
Validitätsprüfung zugrunde gelegte Untersuchungsziel beachten.
(Beispiel: Der modifizierte Guajaktest auf okkultes Blut im Stuhl hat für
den Nachweis einer definierten Hämoglobin-Menge (z.B. > 2,0 mg Hb/1g Faeces)
eine hohe Gültigkeit. Definiert man aber als Untersuchungsziel die Entdeckung von Dickdarmadenomen (Polypen und Carcinomen) ist die Sensitivität und vor allem Spezifität des Tests sehr viel schlechter: 7% - 36 %
der Neubildungen bluten nicht oder nicht zur Testzeit. Die Unterschied-
lichkeit der in der Literatur angegebenen Rate falsch negativer Ergebnisse spiegelt zugleich die Unsicherheit der verifizierenden Diagnostik
wider.)

Die Auswertung der Routinedaten des Krebsscreenings kann nur die Rate
der positiv bestätigten Verdachtsfälle belegen, d. h. den "predictive
value" der positiven Tests. Da Nachuntersuchungen negativ gescreenter
Personen (Kontrolle richtig negativer und falsch negativer Screening-
ergebnisse) im Rahmen der gesetzlichen Krankenversicherung nicht
systematisch durchgeführt werden, sind Aussagen über die Sensitivität
und Spezifität des Screenings nicht möglich.

Die Häufigkeit bestätigter Verdachtsfälle zeigt Tabelle 1.

ABB. 2

MESSPROZESS UND DERZEITIGE EVALUATION DES KREBSSCREENINGS
KRANKHEIT (K) WIRD ANGENOMMEN, WENN DIAGNOSTIK (D) DAS
POSITIVE SCREENING (S) BESTÄTIGT,
POP.
T
K
Ā
K̄
Ā
A
S
D
A
S
D
T
D
S
D
K≅D
K
K̄
A
S
D
K(K̄)
K(K̄)
(K)K̄
(K)K̄
Ā
KK̄
ES WIRD ALSO NUR DER "PREDICTIVE VALUE"
DES POSITIVEN SCREENINGTESTS (S) GEMESSEN
UNTER DER BEDINGUNG K ≅ D
D(K)
D̄(K̄)
RICHTIG POS.
SD
FALSCH POS.
SD̄
S
FALSCH NEG.
S̄D
RICHTIG NEG.
S̄D̄
S̄
SENSITIVITÄT
SPEZIFITÄT
PREDICTIVE VAL.
POS. TEST
P̂D/S = NSD / (NSD + NSD̄)

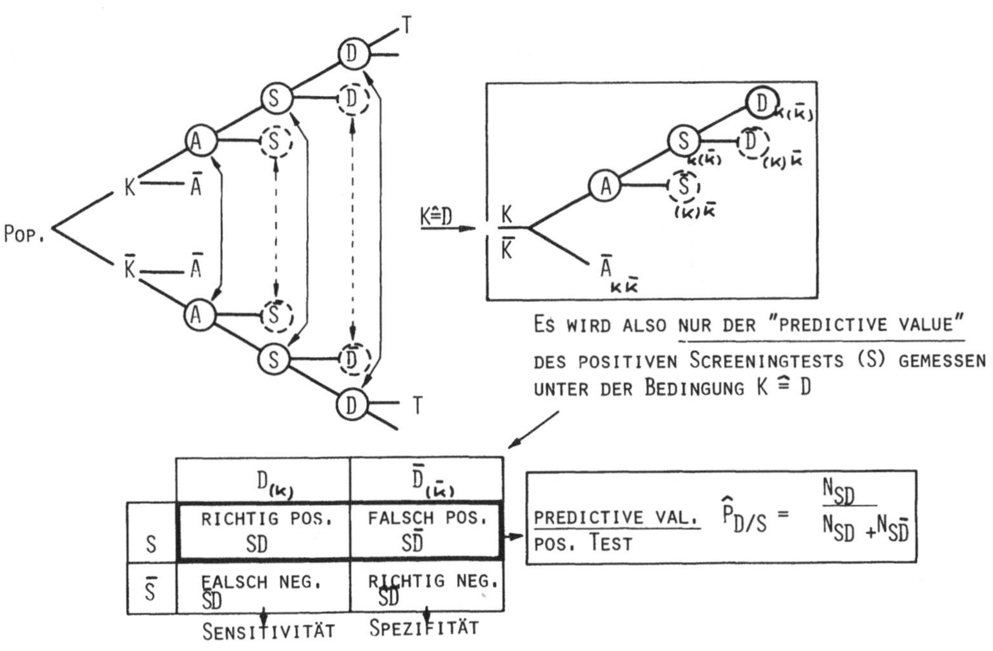

Tabelle 1

Relation von Krebsverdachtsdiagnosen zu gesicherten Diagnosen,
Männer 1977, Bundesrepublik

Organ	Beantwortete Fälle	Gesicherte Diagnosen	
		Absolut	In % von 2
1	2	3	4
Haut	698	133	19,1
Prostata	15.011	2.017	13,4
Rektum /Colon	4.070	470	11,5
Äuss. Genitale	1.744	74	4,2
Nieren/Harnwege	5.701	240	4,2
Insgesamt	27.224	2.934	10,8

Frauen 1977, Bundesrepublik

Organ	Beantwortete Fälle	Gesicherte Diagnosen	
		Absolut	In % von 2
1	2	3	4
Haut	1.320	184	13,9
Uterus	60.218	4.005	6,7
Rektum /Colon	5.352	295	5,5
Übr. Genitale	13.115	698	5,3
Mamma	109.065	3.148	2,9
Nieren/Harnwege	17.502	119	0,7
Insgesamt	206.572	8.449	4,1

Der wesentliche Störfaktor dieser Auswertung steckt in der Ausfallrate
bei der Verfolgung von Verdachtsfällen. Diese beträgt je nach Organ
zwischen 19 und 37 %. [1]
Die Ausfallquote ist bedingt durch Nichterscheinen oder durch Arztwech-
sel des Patienten, keine oder nicht rechtzeitige Mitteilung des Abklä-
rungsergebnisses durch die Klinik oder den weiterbehandelnden Arzt oder
durch andere Gründe, etwa falsches Dokumentationsverhalten des ausfüllen-
den Arztes. Daß der Non-Compliance der Patienten eine besondere Bedeutung zukommt, die nicht nur für die Dokumentation, sondern die reale Abklärungsdiagnostik von größter Wichtigkeit ist, zeigt die Übersicht 1:

ÜBERSICHT 1

ABBRUCH DER DIAGNOSTISCHEN ABKLÄRUNG (NICHTER-SCHEINEN TROTZ PERSÖNLICHER AUFFORDERUNG) FRAUEN 1974 Bz. STELLE GÖTTINGEN		
KREBSVERDACHT	2. QUARTAL	3. QUARTAL
MAMMA	14,7 %	6,4 %
GENITALE	5,8 %	2,3 %
REKTUM	21,0 %	26,9 %
	N = 55	N = 29
100 = ALLE FÄLLE MIT GLEICHEM VERDACHT PRO QUARTAL		

[1]) 1977 Männer: Äußeres Genitale 37 %, Prostata 31 %, Rektum/Colon 29 %,
Niere 25 %, Haut 33 %.

Frauen: Haut 26 %, Uterus 3o %, Rektum/Colon 27 %, übriges
Genitale 32 %, Mamma 19 %, Nieren 27 %.

Wir haben keine Informationen darüber, wie die Häufigkeiten aller diagnostizierbaren Krebserkrankungen sich in der Gruppe der beantworteten Fälle einerseits und der Gruppe der nichtbeantworteten Fälle andererseits verteilen. Hier öffnet sich ein wichtiger Schritt für eine verbesserte Evaluation. Unterstellen wir, daß sich die Krebsfälle auf beide Gruppen gleichmäßig verteilen, ist es unter Beachtung der gegebenen Einschränkungen möglich, die Zahl der bestätigten Krebsdiagnosen als Inzidenzen für die gesuchten Organkrebse in der teilnehmenden Population zu interpretieren, wenn wir die nicht beantworteten Fälle abziehen. Tabelle 2 zeigt die so bestimmte Rate der entdeckten Krebsfälle auf 1oo.ooo Erstuntersuchungen:

TAB. 2

KREBSDIAGNOSEN AUF 100.000 ERSTUNTERSUCHTE *)

ERSTUNTERSUCHTE	1975 (HOCHRECHNUNG DES 2. HALBJAHRES!)	1976	1977
MÄNNER:			
AUSS.GENITALE	(8,9)	9,7	9,6
PROSTATA	(131,4)	141,1	141,1
REKTUM /Colon	(34,8)	43,4	37,2
NIEREN/HARNW.	(9,8)	13,1	15,9
HAUT	(14,3)	11,7	11,2
FRAUEN:			
MAMMA	(125,7)	119,9	109,0
UTERUS	(162,8)	150,8	156,8
ÄUSS.GENITALE	(23,1)	30,5	39,7
REKTUM /Colon	(17,1)	19,8	19,8
NIEREN/HARNW.	(3,4)	5,5	3,3
HAUT	(3,8)	3,5	5,2

*) Altersstandardisiert nach der Sterbetafel 1974/76
(Statistisches Jahrbuch 1978)

Die Beschränkung auf erstmals Untersuchte wurde gewählt, um möglichst vergleichbare Untersuchungskollektive zu haben, gleichzeitig wurde eine Altersstandardisierung durchgeführt. Die dargestellten Werte zeigen für 1976 und 1977 eine sehr gute Übereinstimmung (die 75iger Zahlen sind, da sie auf einer Hochrechnung basieren, nur bedingt verwertbar).[1] Die Stetigkeit dieser Ergebnisse kann als ein Maß für die Reliabilität der eingesetzten Untersuchungsmethode und das Dokumentationsverhalten der Ärzte gewertet werden. Wieweit diese Daten mit solchen aus allgemeinen Krebsregistern in Beziehung gesetzt werden können, kann an dieser Stelle nicht diskutiert werden, da vergleichbare Bedingungen nur unter Anwendung erheblicher Korrekturberechnungen herstellbar sind. Lohnend muß der Vergleich zwischen den beobachtenden Inzidenzen bei Erstuntersuchten und denen, die zum wiederholten Mal zur Untersuchung kommen, sein.

Leider erlaubt die Früherkennungsdokumentation keinen Längsschnittvergleich, so daß wir uns mit der Betrachtung unterschiedlicher Teilnehmerkollektive innerhalb eines Jahres begnügen müssen. In Tabelle 3 wurde für die Teilnehmer des Jahres 1977 unterschieden nach erstmaliger Untersuchung, Untersuchung nach einem, zwei oder mehr als drei Jahren Pause. Die beobachteten Häufigkeiten wurden wieder altersstandardisiert. Es zeigt sich, daß bei den Wiederholungsuntersuchungen ein sehr deutlicher Abfall der Häufigkeit bestätigter Krebsdiagnosen auftritt. Mit steigendem Abstand von der letzten Untersuchung wächst jedoch wieder die Zahl der bestätigten Krebsfälle. Wir haben diese Berechnung für alle Ergebnisse seit 1975 durchgeführt und fanden sie auch für 1975 und 1976 bestätigt.
Abbildung 2 zeigt für vier ausgewählte Organkrebse den Sachverhalt noch einmal in graphischer Darstellung.

---

[1] Dies gilt auch für Organe mit sehr geringer Besetzung (Nieren und Harnwege und Haut bei Frauen) weil hier die Altersstandardisierung zu Schätzfehlern führen kann.

TAB. 3

KREBSFRÜHERKENNUNG 1977, BUNDESREPUBLIK DEUTSCHLAND

(GESICHERTE DIAGNOSEN AUF 100.000 TEILNEHMER; ALTERS-
STANDARDISIERT NACH STERBETAFEL STATISTISCHES JAHRBUCH 1978)

UNTERSUCHUNGS-DATUM / ORGANDIAGNOSE	ERST-UNTERS.	WIEDERH.-UNTERS. N. 1 J.	WIEDERH.-UNTERS. N. 2 J.	WIEDERH.-UNTERS. N.3 U.M.J.
F R A U E N				
MAMMA	109,0	43,4	59,0	91,0
UTERUS	156,8	41,8	62,0	91,4
ÜBR. GENITALE	39,7	9,9	20,0	13,7
REKTUM/*COLON*	19,8	5,5	8,6	11,6
NIEREN	3,3	1,9	2,1	1,3
HAUT	5,2	4,2	3,6	1,6
M Ä N N E R				
ÄUSS. GENITALE	9,6	2,0	1,7	13,0
PROSTATA	141,1	90,6	95,8	98,4
REKTUM/*COLON*	37,2	13,5	23,3	20,1
NIEREN	15,9	13,5	9,6	12,2
HAUT	11,2	4,6	7,9	2,7

ABB. 2

KREBSFRÜHERKENNUNG 1977 BUNDESREPUBLIK, INZIDENZRATEN
GESICHERTE DIAGNOSEN AUF 100.000 TEILNEHMER, ALTERSSTANDARDISIERT
NACH STERBETAFEL 1974/76 STATISTISCHES JAHRBUCH 1978
FRAUEN
150
100
50
ERSTUNTERSUCHUNG
WIEDERHOLUNGS-
UNTERSUCHUNG
NACH:
1 JAHR
2 JAHR.
≧3 JAHR.
UTERUS
MAMMA
REKTUM /COLON
MÄNNER
150
100
50
ERSTUNTERSUCHUNG
WIEDERHOLUNGS-
UNTERSUCHUNG
NACH:
1 JAHR
2 JAHR.
≧3 JAHR.
PROSTATA
REKTUM /COLON

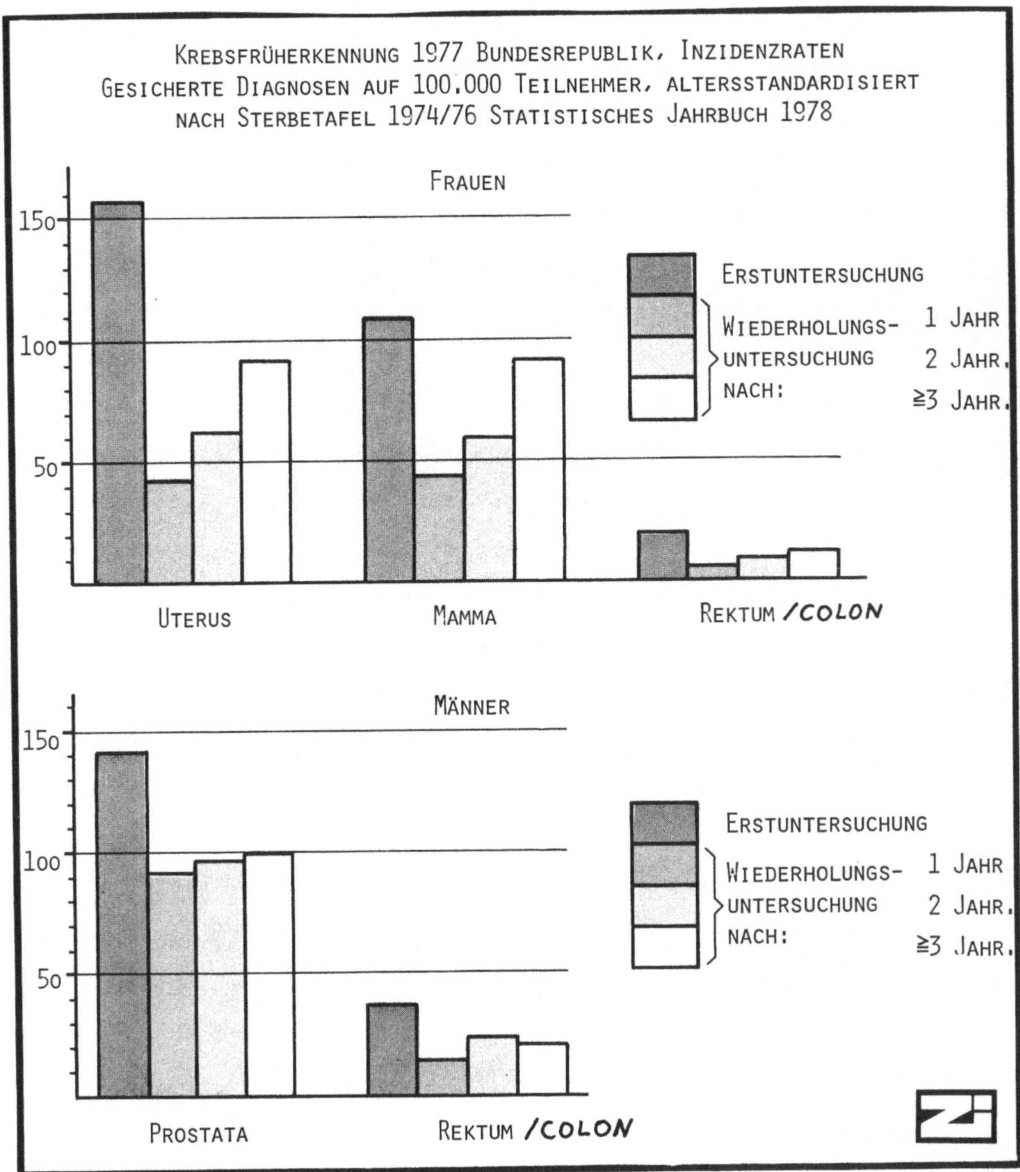

Für die Interpretation der Unterschiede zwischen den Organen lassen sich folgende Annahmen aufstellen:

Die Höhe der Säule für die Fälle bei Erstuntersuchung ist eine Funktion der Prävalenz, der Sensitivität der eingesetzten Screeningmethoden (S) und der Sensitivität und Spezifität der angewandten Abklärungsdiagnostik (D). Die Höhe der Säule für die nach einjähriger Pause erneut untersuchten Fälle ist eine Funktion wiederum der Treffsicherheit von Screening und Abklärungsdiagnostik (Sensitivität von S und Sensitivität und Spezifität von D), ferner eine Funktion der jährlichen Neuerkrankungen sowie der Prävalenz vermindert um die im Vorjahr präventiv entdeckten Krebsfälle (sowie vermindert um diejenigen Krebse, die zwischenzeitlich kurativ zur Entdeckung kamen). Die Höhe der Säulen bei späteren Wiederholungsuntersuchungen, d. h. mit Pausen von zwei Jahren oder drei oder mehr Jahren ist einmal durch die eben genannten Faktoren bestimmt, hinzu kommen jedoch die kumulierten jährlichen Neuerkrankungsraten. Die Schnelligkeit des Wiederanstiegs der Diagnoseraten ist ein Indikator für die Rate der jährlichen Neuerkrankungen (und - mit entgegengesetztem Effekt - für die Rate der kurativ entdeckten Krebse). Ohne gültige Außenkriterien: nämlich die Rate der tatsächlichen Neuerkrankungen pro Jahr (und die Rate der zwischenzeitlich kurativ entdeckten Krebsfälle[1]), ist eine schlüssige Interpretation in Bezug auf Organunterschiede und Treffsicherheit der Methoden nur schwer möglich. Es scheint sich jedoch für Mamma und Uterus ein größerer "Filtereffekt" abzuzeichnen als bei Rektum und Prostata.[2]

---

[1] Diese kurative "interkurrente" Entdeckungsrate ist jedoch offenbar erheblich geringer als die der präventiv entdeckten Fälle; jedenfalls müßte der Rückgang der beobachteten Krebsfälle in der Gruppe wiederholt Untersuchter mit > 1 Jahr Pause vergleichbar denen mit nur 1 Jahr Pause sein.

[2] Beim Kolon verfälschen allerdings möglicherweise Dokumentationsungenauigkeiten das Ergebnis nach unten, weil der 1977 noch gültige Dokumentationsbogen in der Ergebnisspalte nur die Bezeichnung "Rektum" trägt, trotz der Einführung des Tests auf okkultes Blut im Stuhl ab 1.1.1979. Neue Vordrucke sind für 1980 vorgesehen.

Auch die Beseitigung eines weiteren Mangels der derzeitigen Dokumentation,
nämlich die fehlende Ausweisung von Tumorstadien (unterstellt, die noch
bestehenden Schwierigkeiten einer bundesweit akzeptierten Stadieneintei-
lung für alle in Rede stehenden Organkrebse seien gelöst), würde die
Möglichkeiten einer Effektivitätsbestimmung allein nicht verbessern.
Diese kann nur in einem <u>alters- und stadienbezogenen Vergleich mit den
Ergebnissen kurativer Diagnostik und Therapie</u> erbracht werden. Vieles
spricht dafür, daß ein solcher Vergleich, der wesentliche Merkmale des
eingangs aufgezeigten Modells zu berücksichtigen hätte, nicht in einer
prospektiven Studie, sondern in retrospektiven Fall-Kontroll-Analysen
jetziger Krebskranker am ehesten möglich wäre. Eine Effektivitätsbestimmung allein aus der ambulanten Querschnittsdokumentation heraus ist nicht
möglich.

<u>Zusammenfassung:</u>
Die durchführbare Evaluation der jetzigen Dokumentation erlaubt lediglich
eine Bestimmung der "predictive values" für positive Tests, eine auf bestimmte Parameter beschränkte Reliabilitätsprüfung und die Generierung
qualitativer Hypothesen über Organunterschiede. Eine wesentliche Verbesserung der jetzigen Dokumentation wäre durch die Nachuntersuchung negativ gescreenter Fälle zu erwarten (Bestimmung der Spezifität), durch
eine Analyse der "drop outs" zwischen Screening und Abklärungsdiagnostik
und die wenigstens in einem Bezirk durchgeführte personenbezogene Längs-
schnittbetrachtung, wie wir dies für die Kinderfrüherkennungsdokumenta-
tion im Raum Bremen verwirklicht haben. Für eine tatsächliche Effektivitätsbestimmung bedürfte es jedoch eines stadien- und altersbezogenen Vergleichs von präventiven und kurativen Fällen, der outcome-orientiert ist
an Unterschieden der Lebensqualität und Lebenserwartung. Es werden retrospektive Fall-Kontroll-Analysen von Krebskranken unter Verwendung einiger
in einem theoretischen Modell angegebener Merkmale empfohlen.

LITERATUR:

Barclay, T.H.C.: The Evaluation of Data Collection Procedures - Assessment of Completeness, in:
Grundmann, E.; E. Pedersen (Ed.): Cancer Registry. Berlin u.a.:
Springer 1975, 59-75

Berndt, H.: Administrative Use of the Cancer Registry in the German Democratic Republik, in: Grundmann, E.; E. Pedersen (Ed.): Cancer Registry, a.a.O. 1975, 76-89

Büttner, J.: Die klinische Beurteilung des diagnostischen Wertes klinisch chemischer Untersuchungen, in: J.Clin.Chem.Clin.Biochem. 15 (1977) 1, 1-12

Clemmesen, J.: Contributions of Cancer Registries to Epidemiological Research, in: Grundmann, E.; E. Pedersen (Ed.); Cancer Registry, a.a.O. 1975, 119-131

Doll, R.: Epidemiology of Cancer: Current Perspectives, in: Am. J. Epidem. 104 (1976) 4, 397-407

Gallmeier, W.M.: Krebs-Frühdiagnose: Eine trügerische Hoffnung?, in: Med. Wschr. 121 (1979) 1, 7-9

Greenwald, H.P. et al.: Delay and Non-Compliance in Cancer Detection, in: Milb. Mem. F. Quart. 56 (1978) 2, 212-230

Grosse, R.N.: Cost-Benefit Analysis of Health Service, in: The Annals of the American Academy of Political and Social Science, Vol. 399, 1972, 89-99

Keck, A.: Möglichkeiten und Grenzen von Effektivitätsberechnungen, in: Zschr. ärztl. Fortbild. 67 (1973) 23, 1203-1205

Kisch, A.I. et al.: A New Planning Methodology to Assess the Impact of the Health Care System on Health Status, in: Medical Care 16 (1978) 12, 1027-1035

Kirstein, M.M.: The Economics of Secondary Prevention - Screening for Disease - An Example from Colo-rectal Cancer. Paper to be presented at Meeting of the American Society of Preventive Oncology, Washington, 1978

Martinez, I.: Uses of Cancer Registry Data for Planning and Administration of a Cancer Control Program, in: Grundmann, E.; E. Pedersen (Ed.): Cancer Registry, a.a.O. 1975, 47-58

McAuliffe, W.E.: Studies of Process-Outcome Correlations in Medical Care Evaluations: A Critique, in: Medical Care 16 (1978) 11, 907-930

Neumann, G.: Cancer Registry South Württemberg-Hohenzollern. First Report, in: Grundmann, E.; E. Pedersen (Ed.): Cancer Registry, a.a.O. 1975, 114-131

Neumann, G.: Zum Stand der Krebsfrüherkennung in Baden-Württemberg, in: Fortschr. Med. 96 (1978) 24, 1275-1284

Oeser, H.: Tumorbehandlung - Tumornachsorge, eine Illusion?, in: Prakt. Arzt 15 (1978) 15, 1929-1937

Ostrow, J.D.: Criteria for Validation of Fecal Blood Tests, International
Symposium on Colorectal Cancer, New York, 1979.

Pflanz, M.: Allgemeine Epidemiologie. Stuttgart: Thieme 1973.

Pflanz, M.: Realistische Aussichten, "dem Krebs zu entkommen". Epidemiologische Betrachtungen. Referat, Hannover 1979, veröff. in: Prakt.
Arzt 16 (1979) 5, 491-498.

Tuyns, A.J.: The Collection of Available Information: Possibilities and
Limitations of International Standardization, in: Grundmann, E.;
E. Pedersen (Ed.): Cancer Registry, a.a.O. 1975, 14-19.

Waterhouse, J.A.H.: Cancer Handbook of Epidemiology and Prognosis.
Edinburgh, London: Livingstone 1974.

Weinstein, M.E.; W.B. Stason: Foundations of Cost-Effectiveness Analysis
for Health and Medical Practices, in: New Engl. J. Med. 296 (1977) 13,
716-721.

Williamson, J.W. et al.: Health Accounting: An Outcome-Based System
of Quality Assurance: Illustrative Application to Hypertension, in:
Bull. N.Y. Acad. Med. 51 (1975) 6, 727-738.

ZUR EFFEKTIVITÄT VON KREBSFRÜHERKENNUNGSUNTERSUCHUNGEN,EIN BEITRAG AUS
DEM HAMBURGER KREBSREGISTER UND DER HAMBURGER KREBSGESELLSCHAFT E.V.

G. Keding

Um den Angaben, Hinweisen und Schlußfolgerungen, die aus dem Hamburger Krebsregister zum Thema entnommen werden können, den notwendigen Hintergrund zu geben, werden einige Bemerkungen vorangestellt:

1. Eine organisierte Krebsbekämpfung mit den entscheidenden Bereichen Früherkennung des Krebses und Nachsorge für Krebskranke gibt es in Deutschland etwa seit der Jahrhundertwende. Die Gründung des "Komitees für Krebsforschung" am 18. Februar 1900, der Keimzelle der jetzigen Deutschen Krebsgesellschaft e. V. und der Ländergesellschaften in der Bundesrepublik, kann heute als historischer Zeitpunkt bezeichnet werden (1). Die überzeugenden Erfolge der organisierten Bekämpfung der Tuberkulose hatten damals als Vorbild gedient. Ein erstes Ziel des Komitees war es, eine Krebsepidemiologie aufzubauen, weil deren Bedeutung für die Effektivitätskontrolle am Beispiel der Tuberkulosebekämpfung erkannt worden war. Zunächst wurden Sammelstatistiken erstellt, wesentliche Anregungen dazu gab der Hamburger Arzt ALEXANDER KATZ (2). Bereits 1902 berichtete WUTZDORF (3) in der DMW "Über die Verbreitung der Krebskrankheit im Deutschen Reich". Im gleichen Zeitraum initiierten Mitglieder des Komitees die ersten Fürsorgestellen für Krebskranke in Berlin und legten damit die Basis für eine Nachsorge (4).

2. Der "Hamburger nachgehende Krankenhilfsdienst" mit dem einbezogenen Krebsregister ist eine Einrichtung der Nachsorge für Krebskranke, in welcher aus der an sich individuell orientierten medizinischen und sozialen Betreuung der in stationärer Behandlung befindlichen Kranken epidemiologische Daten gewonnen werden. Nach einer Vorphase, die vom "Hamburger Krebsinstitut" unter R. BIERICH (5) 1926 wissenschaftlich eingeleitet wurde, wird der Dienst seit 1929 im Sinne einer kommunalen Fürsorge geführt. Des Hamburger Physikus H. SIEVEKING (6) muß hierbei dankbar gedacht werden . Durch die Einschaltung des öffentlichen Gesundheitsdienstes arbeitet das Register für das Gebiet des Stadtstaates Hamburg bevölkerungsbezogen, obwohl die Daten der zu betreuenden Krebskranken über die Hamburger Krankenhäuser erfaßt werden.

Bezogen auf die Geschwülste der verschiedenen Organe ist die Aussagekraft des Registers heute unterschiedlich zu bewerten (7): Bei Organkrebsen mit wirksamer echter Früherkennung, wie beispielsweise dem Gebärmutterhalskrebs, muß ein Erfassungsdefizit bei der bisherigen Organisationsform eintreten, weil zunehmend Fälle nicht mehr krankenhausbehandlungsbedürftig werden.

3. Im Bereich der Bundesrepublik Deutschland wurde durch das Zweite Krankenversicherungs-Änderungsgesetz vom 21.12.1970 für die Früherkennung bestimmter Organkrebse eine Ausgangssituation geschaffen, die auch im internationalen Vergleich bestehen kann. Durch die Fortschreibung der "Richtlinien für die Krebsfrüherkennungsuntersuchungen bei der Frau und beim Mann" sind nicht nur medizinische, sondern auch im Hinblick auf die Dokumentation epidemiologische Verbesserungen erzielt worden. Die Einschaltung des Zentralinstituts für die Kassenärztliche Versorgung in der Bundesrepublik in die statistische Aufbereitung und die Auswertung ist ein weiterer wichtiger Fortschritt. Die 1975 ergriffene Initiative des Instituts einer Kontaktaufnahme zu den flächenbezogenen Krebsregistern der Bundesrepublik wurde von deren Verantwortlichen hoffnungsvoll begrüßt (8).

4. Spätestens seit die ungewöhnliche Steigerung der Kosten des Gesundheitswesens in aller Mund ist und zu einem Hauptthema der sozialpolitischen Diskussion wurde, werden auch mahnende Stimmen lauter, die für die Früherkennungsuntersuchungen eine Kosten-Nutzen-Darlegung oder einen Effektivitätsnachweis fordern. Die Epidemiologen der Krebsregister sind gerade an diesen Überlegungen besonders interessiert. Durch die langfristig 1971 angelegte Studie zur Sicherung der Früherkennung des Brustkrebses bei Frauen hofft die Hamburger Krebsgesellschaft zu diesen Fragen auch einen Beitrag leisten zu können (9).

5. Um die klinische Krebsforschung und die Krebsbekämpfung in der Bundesrepublik Deutschland schwerpunktartig voranzubringen, sind in letzter Zeit durch Organisationsmaßnahmen mehrere "Tumorzentren" gegründet worden. Wesentliche wissenschaftliche Impulse hierfür gingen von der Deutschen Krebsgesellschaft und deren Landesverbänden aus (10). Entscheidend war jedoch der finanzielle Einsatz der Deutschen Krebshilfe, die diesen dank der ungewöhnlichen Spendenbereitschaft unserer Bevölkerung leisten konnte. Die erworbenen Verdienste unserer Kollegin Frau Dr. MILDRED SCHEEL

dürfen hierbei nicht unerwähnt bleiben. Ohne näher auf den Begriff, die Struktur oder die Bedeutung der "Tumorzentren" eingehen zu wollen, kann erfreulicherweise festgestellt werden, daß nahezu übereinstimmend alle auch die Dokumentation und deren epidemiologische Auswertung als wichtiges Anliegen anerkennen und darstellen (11). In Hamburg ist das Krebsregister in das "Tumorzentrum" eingebunden.

Zur Demonstration der Ausgangslage werden alle im Land Hamburg erfaßten Neuerkrankungen als Übersichtstabelle 1 vorgestellt. Das System des Hamburger Registers gewährleistet eine statistisch befriedigende Erfassung aller Erkrankungen an bösartigen Geschwülsten im Lande. Durch die Einbeziehung des Statistischen Landesamtes in die Datenverarbeitung des Registers ist eine ständige Kontrolle gegenüber dem Ausgangsmaterial der Todesursachenstatistik, den standesamtlichen Zählblättern, die auf Grund der Todesbescheinigungen bzw. Leichenschauscheine ausgefertigt werden, gesichert (12). Die Tabelle 1 vergleicht die zusammengefaßten Angaben der Jahre 1956 bis 1958 gegenüber denen von 1972 bis 1974, jeweils getrennt für Männer und Frauen. Zu dem Anstieg der Inzidenzen für beide Geschlechter darf bemerkt werden, daß dieser auch besteht, wenn eine Altersstandardisierung der Bevölkerung von 1972 bis 1974 auf die Bevölkerung von 1956 vorgenommen wird. Dann beträgt die Inzidenz für Männer 379,1 und die für Frauen 344,3 auf jeweils 100.000. Bei den Gliederungsziffern für die Männer beeindruckt besonders der weiterhin bestehende Anstieg des Lungenkrebses, dem wegen der nach wie vor ungünstigen Prognose eine besondere Bedeutung beigemessen werden muß. Bei den Frauen fällt diese Rolle dem Brustkrebs zu. Erfreulich ist bei beiden Geschlechtern der Rückgang der Magentumoren, ein Trend, der vielerorts festgestellt wird. Erfreulich ist auch der anhaltende Rückgang des Gebärmutterhalskrebses, eine Entwicklung, die sicher dem sich langsam weiter durchsetzenden Vorsorgebewußtsein der Frauen, der seit Jahrzehnten betriebenen Aufklärungsarbeit, dem allgemein bewußten sexualhygienischen Verhalten und wahrscheinlich auch anderen Faktoren zugeschrieben werden kann.

Da der Gebärmutterhalskrebs ohne Zweifel eine besondere Beziehung zu unseren seit 1971 in die RVO einbezogenen Früherkennungsuntersuchungen hat, soll die Tabelle 2 hierzu Angaben aus dem Hamburger Krebsregister in drei Jahresgruppen zu je 3 Jahren ausweisen. Die Zusammenfassung von Daten aus 3 Jahren erfolgt in Hamburg seit einiger

Zeit, um aussagekräftigere Kollektive zu erhalten. Der Gebärmutterhalskrebs gehört zu den Organkrebsen, für die im Register eine besonders hohe Aussagekraft besteht. Diese Wertangabe wird belegt durch
die nur geringe Rate der Fälle, die erst nach dem Tod bzw. sogar nur
über das standesamtliche Zählblatt als Gebärmutterhalskrebs erkannt
wurden. Leider konnte allgemein im Register für die Jahre 1966 bis
1974 gegenüber früheren Zeiten keine Verkleinerung dieser Fehlquoten
erzielt werden. Es mußte sogar ein gewisser Anstieg der nicht primär
erfaßten Fälle hingenommen werden. Erfreulich dagegen ist jedoch bei
der Datenerfassung der anteilmässige Rückgang der Fälle, die wegen
fehlender Angaben nicht in die Stadien der FIGO einzuordnen waren.
Wenn bei der Stadieneinordnung jeweils die Stadien I und II sowie
III und IV zusammengezogen werden, ergeben sich beim Längsschnittvergleich kleiner werdende Anteile der früheren gegenüber einem
relativen Größerwerden der späteren Stadien. Sonst spricht die Tabelle für sich.

Durch das Hamburger Krebsregister konnte für den Raum des Landes
Hamburg sehr früh das bedrohliche Ansteigen des Brustkrebses bei
Frauen erkannt werden. Beispielhaft wird auf die Arbeit von MAASS
und SACHS (13) verwiesen. Die Abbildung 1 verdeutlicht die Gefährdung der Frauen in Zahlen und Ziffern. Wichtige Hinweise geben die
durchgehend ansteigenden Inzidenzziffern in der Längsschnittbetrach-
tung der verschiedenen Altersgruppen, aber auch das Verhalten der
Altersgruppenziffern untereinander in den angestellten Querschnitten
ist beachtenswert. Die Hamburger Krebsgesellschaft e. V. hat bereits
Ende der 60-iger Jahre die Bekämpfung des Brustkrebses der Frau als
besonderen Schwerpunkt ihrer Arbeit angesehen. 1971 konnte in enger
Kooperation zwischen der Röntgenabteilung der Universitäts-Frauen-
klinik Eppendorf unter der Leitung von H. J. FRISCHBIER, den Krebs-
beratungsstellen der Gesundheitsämter der sieben Hamburger Bezirke,
der Gesundheitsbehörde Hamburg und der Krebsgesellschaft über 7.000
Hamburger Frauen kostenlos eine Mammographie angeboten werden. Aus
dieser Mammographieaktion 1971/72 wurde dann die "Hamburger Studie
zur Sicherung der Früherkennung des Brustkrebses bei Frauen" aufgebaut, die 5 Mammographieaktionen bis 1981 als Forschungsvorhaben
vorsieht. Aufgenommen wurden in die Studie nur Frauen, bei denen
vorausgegangene klinische Untersuchungen durch erfahrene Ärzte bestätigten, daß keine Anhaltspunkte für Brustkrebs vorlagen. Alle
aufgenommenen Frauen gaben einen umfangreichen sozialmedizinischen
Fragebogen ab, in dem insbesondere in Richtung möglicher Risiko-

faktoren gefragt wurde. Die vorgesehenen Mammographieaktionen liefen
bisher planmässig ab. Über 12.000 Frauen nehmen in Hamburg an der
Studie teil. Die Abbildung 2 legt beispielhaft die Ergebnisse der
Mammographieaktion 1975/76 dar. Für die Bewertung der Brustkrebs-
findungsrate wird die Bedeutung der altersmässigen Aufgliederung der
untersuchten Kollektive ebenso ersichtlich wie die Klarstellung, ob
es sich um vorgenommene Erstaufnahmen oder Folgeuntersuchungen im
Rahmen der Studie handelt. Insgesamt sind im Zeitraum von 1971 bis
1976 durch die Studie 57 Mammakarzinome in einem klinisch noch stum-
men Stadium erkannt worden. Diese 57 Frühfälle von Brustkrebs sind
1,1 % der im gleichen Zeitraum von 1971 bis 1976 im Hamburger Krebsregister insgesamt erfaßten 5.255 Mammakarzinome. 18 Frühfälle waren
bei Frauen von 50 Jahren und jünger erkannt worden, denen stehen
1.073 registrierte Fälle in dieser Altersgruppe gegenüber, d. h. das
Verhältnis von allen Krebsfällen gegenüber früherkannten ist wie
60 : 1. Bei Frauen von 51 Jahren und älter wurden 39 früh erkannt
bei 4.182 entsprechend registrierten Mammakarzinomen. Hier beträgt
das Verhältnis 107 : 1.

Bezogen auf die gesamten Mittel, die die Hamburger Krebsgesellschaft
e. V. für die Studie im gleichen Zeitraum eingesetzt hat, entfallen
auf jeden entdeckten Brustkrebs Ausgaben von ca. DM 10.000,-.

Der schlüssige Nachweis einer Effektivität der als Screening ange-
setzten Krebsfrüherkennungsuntersuchungen ist nur über eine entsprechend vorbereitete und sorgfältig geführte, wie kontrollierte Dokumentation zu erbringen. Die Dokumentation dieses Spezialfeldes muß
dazu in eine allgemeine Krebsepidemiologie eingebettet sein, damit
Rückschlüsse auf die Gesamtbevölkerung gezogen werden können. Alle
Bemühungen sollten auf diesem Ziele ausgerichtet sein. Bevor der
vielfach geforderte Ausbau oder eine Erweiterung der gesetzlich ab-
gesicherten Krankheitsfrüherkennungsmaßnahmen verwirklicht wird,
müßte die Effektivität der bereits eingeführten Untersuchungen,
mindestens ebenso wie es für das Zervixkarzinom in Hamburg nachgewiesen wurde, belegt werden.

Literaturverzeichnis:

1. von Leyden: Dtsch. med. Wschr. 27 (1901) Sonderbeilage 305.
2. Alexander Katz: Dtsch. med. Wschr. 25 (1899) 260 und 277.
3. Wutzdorf: Dtsch. med. Wschr. 28 (1902) 161.
4. Blumenthal, F.: Zeitschr. f. Krebsforsch. 10 (1911) 134.
5. Bierich, R. : Jahrbuch des Reichsausschusses für Krebsbekämpfung
            1930, Ambr. Barth Verlag, Leipzig (1931) 47.
6. Sieveking, G.H.: Dtsch.Ärzteblatt 32 (1935) 111.-Klin.Wschr. 15
            (1936) 1223. - Monatsschr.f.Krebsbek. 8 (1940)49.
7. Keding, G.: Cancer Registry. Edited by E.Grundmann and E.Petersen,
            Springer Verlag (1975) 111.
8. Schwartz, F.W.: Früherkennung bösartiger Neubildungen, Heftreihe
            Zentralinst.f.d.kassenärztl.Versorgung BRD,Heft 8
            (1977) 9.
9. Keding, G.: Jahresberichte Hamburger Landesverband f. Krebsbek.
            u.Krebsforsch. (Hmb.Krebsges.) e.V. 1973,1974 u.1975.
10. Memorandum
    der Ländergesellschaften der Deutschen Krebsgesellschaft e.V.
    vom 17.6.76 an die
    Gesundheitsminister und Senatoren des Bundes und der Länder.
11. Pfeiffer, W.: Praxis Kurier (1978) 52.
12. Statistik des Hamburgischen Staates:
    Heft 105 (1973), Hamburger Krebsdokumentation 1956 bis 1971 und
    Heft 116 (1976), Hamburger Krebsdokumentation 1972 bis 1974.
13. Sachs, H., Maass, M.: Dtsch. med. Wschr. 44 (1971) 1701.

Anschrift des Verfassers: Dr. med. G. Keding
                          Ges.Abtl. Nds. Soz. Min.
                          Hinr.-W. Kopf Platz 2
                          3000 Hannover

Tabelle 1

$$\text{H A M B U R G E R} \quad \text{K R E B S R E G I S T E R}$$

| | Krebserkrankungen bei | | | |
| | Männern | | Frauen | |
	1956/1958	1972/1974	1956/1958	1972/1974
Gesamtinzidenz als jährl.Durchschnitt auf jeweils 100 000	324.9	411.0	323.3	415.9
NEUERKRANKUNGEN über Tumorkarten erfaßt				
Fälle insgesamt:	6 522	7 613	7 981	9 336
diese als Gliederungsziffern:				
Gehirn	1.3 %	1.2 %	0.7 %	0.8 %
Haut	3.4 %	2.9 %	2.1 %	1.8 %
Mund	2.9 %	2.8 %	1.2 %	1.2 %
Atemwege	28.8 %	31.8 %	4.3 %	6.0 %
Brustdrüse	in sonst.Organen		17.4 %	25.4 %
Magen	17.7 %	9.8 %	9.7 %	6.2 %
Leber-Galle	4.3 %	2.8 %	5.3 %	4.0 %
sonst.Verdauungsorg.	16.5 %	14.9 %	13.1 %	16.0 %
Harnwege	6.8 %	9.7 %	2.5 %	3.5 %
Prostata	7.9 %	12.0 %	---	---
Gebärmutterhals	---	---	21,3 %	12.5 %
sonst.Geschlechtsorg.	1.4 %	2.1 %	15.8 %	13.7 %
sonstige Organe	9.0 %	10.0 %	6.5 %	8.9 %

Tabelle 2   H A M B U R G E R   K R E B S R E G I S T E R
===

G e b ä r m u t t e r h a l s k r e b s   (ICD - Position 180)

Zeiträume :	1969 bis 1971	1972 bis 1974	1975 bis 1977
Inzidenz (jährl.Durchschnitt auf jeweils 100 000)	50.5	43.2	35.3
erfasste Fälle insges.	1467	1222	970
davon Stadium 0	148 = 10 %	255 = 21 %	209 = 22 %
damit gemeldete Erkrankungen Gebärmutterhalskrebs :	1319	967	761
Verhältnis Ca. in situ (Stad.0):Erkrankungen:	10 : 89	10 : 38	10 : 36
von Erkrankungen wurden ermittelt :			
nur nach dem Tode	90 = 7 %	89 = 10 %	74 = 10 %
davon nur über Zählblatt	49	37	47
(% bez.auf Erkrankg.)	(4%)	(4%)	(6%)
damit Erkrankungen bei Lebenden :	1229	878	687
davon gemeldet ohne Stadienangabe (FIGO)	152 = 12 %	69 = 8 %	35 = 5 %
damit nach Stadien insgesamt :	1077	809	652
davon im Stadium I	485 = 45 %	303 = 38 %	267 = 40 %
im Stadium II	263 = 24 %	221 = 27 %	154 = 24 %
(% von I + II)	(69 %)	(65 %)	(64 %)
im Stadium III	292 = 27 %	258 = 32 %	206 = 32 %
im Stadium IV	37 = 4 %	27 = 3 %	25 = 4 %
(% von III + IV)	(31 %)	(35 %)	(36 %)

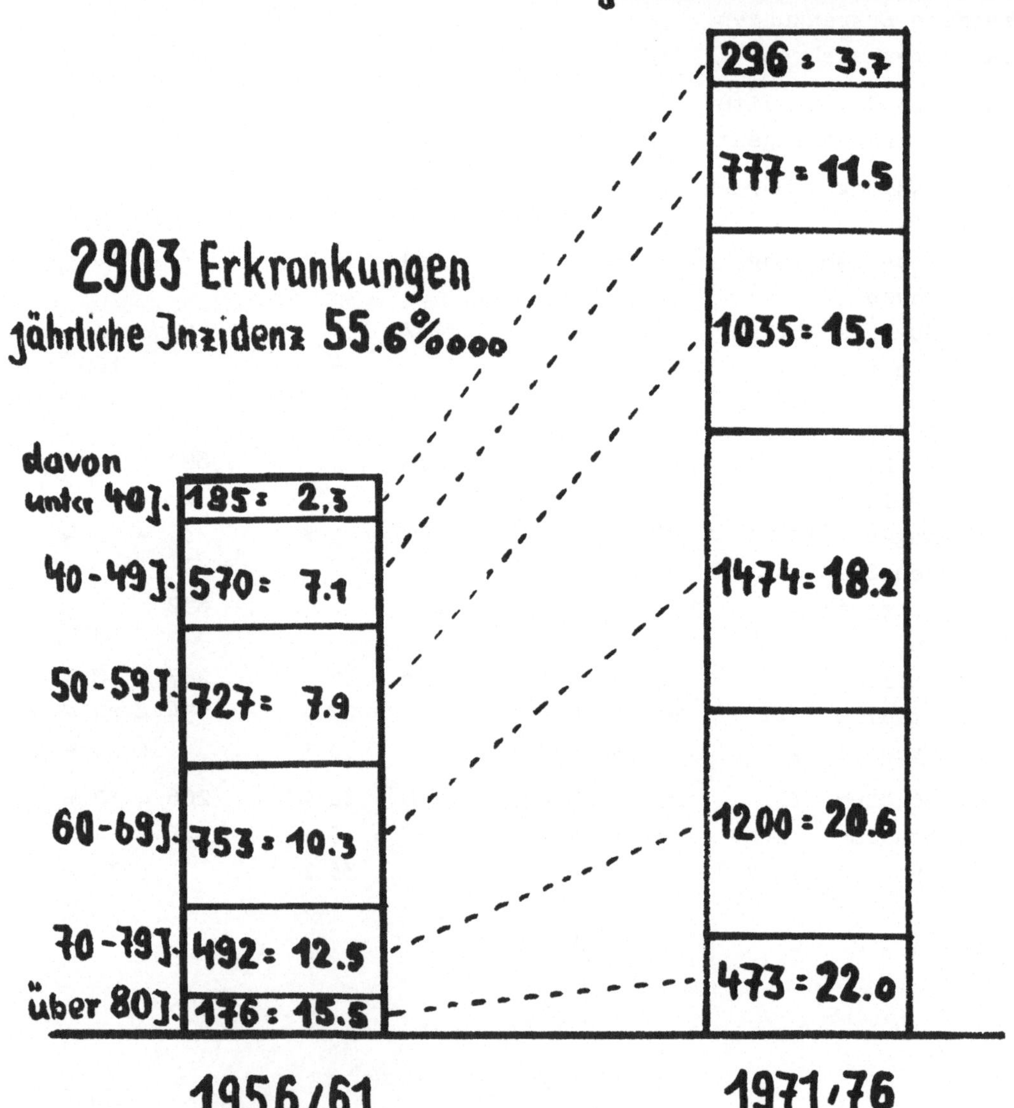
Abbildung 1
Mammakarzinome in Hamburg
im Register in 21 Jahren 14 178 Erkrankungen
5255 Erkrankungen
jährliche Inzidenz 91.1 %ooo
296 : 3.7
777 : 11.5
1035 : 15.1
1474 : 18.2
1200 : 20.6
473 : 22.0
2903 Erkrankungen
jährliche Inzidenz 55.6 %ooo
davon
unter 40 J.   185 :   2.3
40 - 49 J.   570 :   7.1
50 - 59 J.   727 :   7.9
60 - 69 J.   753 : 10.3
70 - 79 J.   492 : 12.5
über 80 J.   176 : 15.5
1956/61
1971/76

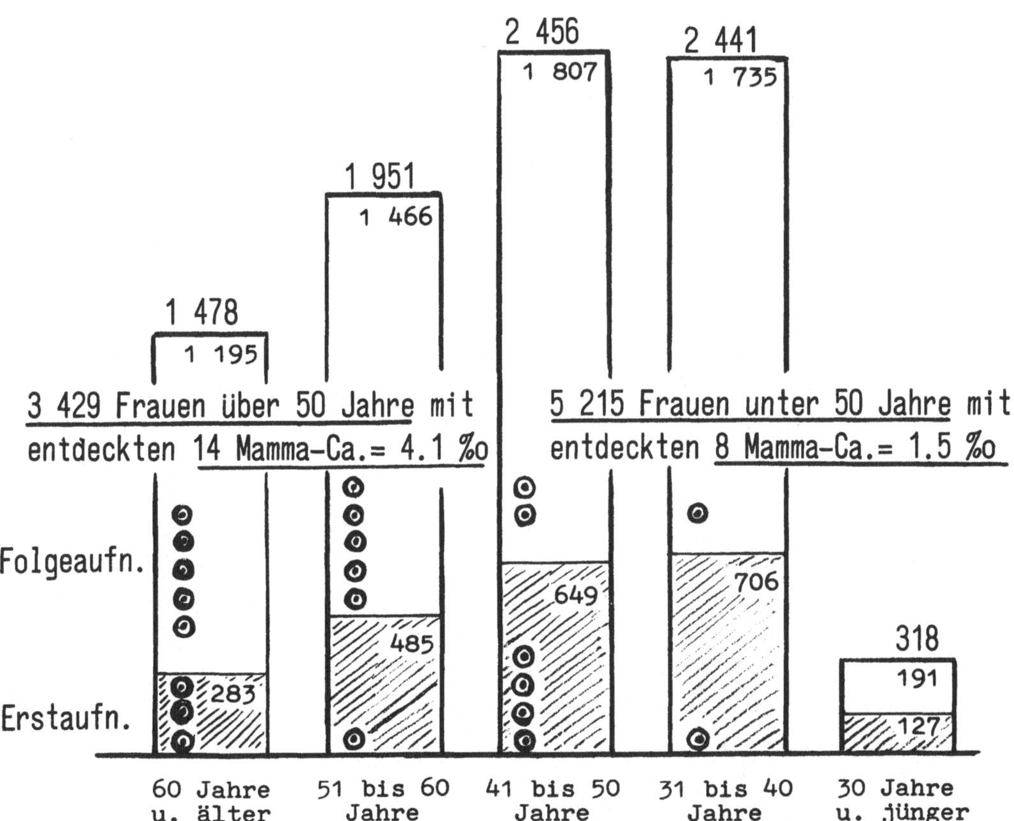

MAMMOGRAPHIEAKTION   1975 / 1976   Abb.2
==
- III. Phase der Hamburger Studie 1971 / 1980 -

8 644 ausgewertete Fälle, dabei
   22 Brustkrebse früh entdeckt = 2.6 ‰
         davon
   1. 2 250 Erstaufnahmen für die Studie mit
          9 Brustkrebsen = 4.0 ‰
   2. 6 394 Folgeaufnahmen in der Studie mit
         13 Brustkrebsen = 2.0 ‰

2 456
1 807
2 441
1 735
1 951
1 466
1 478
1 195
3 429 Frauen über 50 Jahre mit
entdeckten 14 Mamma-Ca.= 4.1 ‰
5 215 Frauen unter 50 Jahre mit
entdeckten 8 Mamma-Ca.= 1.5 ‰
Folgeaufn.
Erstaufn.
283
485
649
706
318
191
127
60 Jahre
u. älter
51 bis 60
Jahre
41 bis 50
Jahre
31 bis 40
Jahre
30 Jahre
u. jünger
Alter der Frauen bei der Untersuchung

<u>PROSPECTIVE EVALUATION OF CERVICAL CANCER SCREENING IN THE NETHERLANDS</u>

<u>An example of the use of simulation models</u>

J.D.F. Habbema, G.J. van Oortmarssen,
P.J. van der Maas, G.A. de Jong,

<u>Summary</u>

The Mass screening program on cervical cancer in the Netherlands started in 1976.
Decision making on prolongation or modification of the program will depend on a careful evaluation of the results.
Effects of mass screening cannot be measured in a direct way, and therefore use of
simulation models has been advocated, in order to estimate effects of different screening policies. A computer simulation programme which calculates the effects of screening in a birth cohort of the population has been developed by Knox. We extended this
program to obtain predictions of the effects for the population as a whole, and applied
it to the dutch screening circumstances. When the effects of Papsmears made outside
screening programs by general practitioners and gynaecologists are taken into account,
the long term effect of mass screening on cervical cancer mortality is estimated to
be a 35% decrease at most. The reliability of the results of the simulation model
will improve when more results from (Dutch) mass screening and (Dutch) cancer and
cytology registries become available, and by carefully assessing the sensitivity of
results to variation of the model assumptions.

1. Introduction.

Mass screening on cervical cancer in three pilot regions in the Netherlands started in 1976. In these regions (Nijmegen, Rotterdam and Utrecht, which together account for some 25% of the dutch population), the administration and evaluation of
the screeningprogramme is financially supported by the government. The purpose of
the evaluation was to assess the desirability of cervical cancer screening in the
whole of the Netherlands. However, in the meantime - as a result of political pres-
sure - mass screening has been extended to nearly the whole of the country.

Desirability of screening depends in the first place on the benefits that can be
expected. Then,a choice should be made about the ages at which the test will be offered, to obtain maximal benefit. The ultimate effects of mass screening are influ-
enced by many factors, e.g., the validity of the screeningstest,the natural history
of the disease and selective attendance to mass screening of various risk groups in
the population. Knowledge about these factors, their interrelations and their impact
on screening results is limited. Even the effect of mass screening on cervical cancer

mortality has not been assessed conclusively, although there are indications of a positive effect, e.g., a correlation between decrease in mortality and intensity of screening in different parts of the U.S.A. and Canada (Guzick 1978).

So in decision making we are faced with a complex problem with a large degree of uncertainty. The best way out seems to be the use of mathematical models, that can be used to study the impact of various assumptions on the factors that influence the effect of mass screening (Habbema and Oortmarssen 1979). A simulation programme has been developed in England by Knox, who used it to explore the effects of cervical cancer screening (Knox 1973, 1975a) and breast cancer screening (Knox 1975b). We obtained a copy of this programme and have constructed an extended version generating results for the population as a whole instead of a birth cohort (section 2). Model assumptions were adapted to Dutch cervical screening circumstances (section 3) and predictions of the effect of the current policy were obtained (section 4).

2. The programme by Knox and extension.

The SCRMOD Mk III programme by Knox is designed to simulate any screening procedure or set of procedures. It determines the events between birth and death for a cohort of 10.000 people. The programme is rather flexible towards alternative assumptions about natural history, sensitivity of the screeningstest and attendance rates. Input specifications are:

a. A lifetable, representing death from all causes except the specific disease for which screening is intended.

b. The disease process, as represented in distinct states and transitions between these states. In mathematical terms, it is a semi-markov process with a discrete time base (age of persons in cohort) and discrete state space (states in the disease history).

c. Screening procedures are specified by the states in the disease process that can be detected, the probability of a positive result for each state and the state to which initial state is converted if test is positive.

d. Policy of screening is specified by the ages at which screening is offered, and the percentages of persons expected to attend. The final attendance is found through combination of the age-specific attendance and a weightfactor giving the relative attendance of the various states of disease (this is an indirect way of defining different attendances for high and low risk groups).

The output of the programme consists of figures at specified ages, including the number of transitions from and transitions to the different states, the current number of persons in these states and the incidence and prevalence figures of the disease process. Also the number of tests offered in the preceding interval, and the results of the tests (number of negatives and positives) are presented.

The effect of mass screening is obtained by running the programme twice, one time with and one time without mass screening. When running the programme without mass

screening, mortality and morbidity figures in the output should fit known figures
from the population under consideration.
The method that is followed to achieve this fit is heuristic: first a set of assumptions for the input specifications is tried. In respect of the cervical screening,
the criteria for judging the output are:
- Yearly number of cervical cancer deaths (approx. 400 women/year)
- Age specific distributions of cervical cancer mortality (according to CBS mortality statistics)
- Age specific incidence of (clinical) cervical cancer. Because of the absence
  of cancer registries nowadays in the Netherlands, older statistics from the
  years 1960-1969 had to be used (Collette 1976, Harmse 1973).
- Age specific incidence and prevalence of preclinical stages of cervical cancer. Dutch figures obtained from the cyt-u-universitair study,the only screening program that was completed in Holland up till now (Collette 1976), were
  supplemented with results from large scale mass screenings that were carefully administrated is British Columbia (Fidler 1968) and Finland (Hakama 1976).
Output from the programme is compared with these criteria, and the assumptions in the
input are changed iteratively until a set of feasible outputs is obtained. Then, the
mass screening specifications are added to the input, and the result of screening of
the birth cohort is obtained in terms like: drop in mortality, decrease in prevalence, increase in life-expectation, number of lives saved or number of lifeyears saved.

In reality, mass screening is not presented to a birth cohort, but to the total
population. The effect of population screening is not equal to the effect of cohort
screening for the following reason. When mass screening is applied to a cohort, all
persons in the cohort will be offered the whole screening policy, from the first
age of screening to the last age. When a mass screening of the population starts in
a certain year, the persons in the population will be offered only those screenings
for older ages than their current age. So, only those women whose age lies below the
first age of the policy will be able to visit all examinations. For instance, the
dutch cervical cancer mass screening starts at age 35 and continues at 3-year inter-
vals to age 55. Only after the first 20 years of mass screening are over, the effect
of the mass screening can be studied by examination of a single cohort (assuming no
cohort-effects) (See figure 1).

We used Knox' programme in conjunction with a self-written program that transfor-
med outcomes for different cohorts into outcomes for the Dutch population in the
forthcoming years. From the figure it can be seen that eight different cohorts are
needed to obtain predictions for total population, that is, eight runs of the Knox
programme are needed to obtain predictions of the effect of mass screening in the
forthcoming years. For the cohorts that are not yet born, an assumption has to be
made about the birth figure.

BIRTH-COHORT year of birth	number of screenings offered	CHRONOLOGICAL TIME							
		1976-78	1979-81	1981-84	1985-87	1988-90	1991-93	1994-96	1997-99
before 1923	0								
1923 - 25	1	53							
1926 - 28	2	50	53						
1929 - 31	3	47	50	53					
1932 - 34	4	44	47	50	53				
1935 - 37	5	41	44	47	50	53			
1938 - 40	6	38	41	44	47	50	53		
1941 - 43	7	35	38	41	44	47	50	53	
1944 - 46	7	–	35	38	41	44	47	50	53
later than 1947	7								

Figure 1. Number of screenings offered, and ages of screening for the various birth cohorts involved in the mass screening program or cervical cancer in the Netherlands

3. Model assumptions

a. Population dynamics

The cohorts are aggregated into a population under the following assumptions:
- the age specific mortality pattern is constant for all cohorts (lifetable 1973)
- the natural history of the disease is constant for all cohorts
- the number of female births remains constant at 86.000 per year
  (the last assumption about the birthrate actually is of very little importance to the predictions of mass screening effects)

The results of these assumptions is that the life expectation remains constant, and that the (absolute) number of women in the age group 35-55 increases to a maximum in the year 2000, and then slowly decreases.

b. Natural history of the disease
- The states of the disease process are:
DYSPLASIA, CARCINOMA IN SITU, INVASIVE I, INVASIVE II, INVASIVE III, INVASIVE IV.
The subdivision of invasive cancer in four stages is widely used, for instance in survival statistics of cervical cancer. There is one more state: HYSTERECTOMY. It is introduced to account the very large number of uterus extirpations for other

reasons than cervical cancer in recent years. The number of "cervices at risk"
should therefore be used as denominator when calculating prevalence and incidence statistics.
- It is assumed that two differend types of cervical cancer exist.
However, they only differ in the rapidity of progression of the disease and the
age of the patients: when the disease process starts in younger women (until age
35) it is of the slower type, while in women over age 35 it is of the fast type.
Each of the disease states mentioned above is subdivided in a slow and a fast type. This assumption does not necessarily reflect the opinion that this dichotomi-
zation in a fast and slow type actually exists. It is also possible to see it as
the incorporation in the model of the assumption that the disease develops on the
average more rapidly in older patients than in younger patients.
- In the predictions made, it is assumed that spontaneous regression is not possible. It is possible that a person stays very long in a pre-invasive state of the
disease, without the disease becoming invasive.
- Transition rates between the states are assumed to remain constant in the future. Differences in mortality and morbidity can only be caused by changes in the
age structure of the population, or by introduction of mass screening. Furthermore, this assumption means that prognoses of patients will remain constant (no
improvement of therapeutic possiblities). A still more unrealistic implication
is that the proportion of hysterectomies is assumed to be constant in the future.
- Dysplasia is assumed to be a state, whose detection doesn't alter the possibility of developing cancer. In this respect it is rather a state of (very) high
risk than a true predecessor of the disease. The other states are assumed to be
treated when they are detected and a transition is made to one of the 5 states:
CLINICAL CARCINOMA IN SITU, CLINICAL INVASIVE I,........,CLINICAL INVASIVE IV. Transitions to specific death are only possible from the clinical states just introduced, in accordance with survival figures from the literature (Boyes 1970) (see
table 1).

<u>Table 1.</u>

Overview of the assumptions about natural history of cervical cancer and
the properties of the screening test

STATE	Average dwelling time (years) in the states		10-yr survival (specific death only)	probability positives		atten- dance weight factor
	FAST/OLD type	SLOW/YOUNG type		'high'	'low'	
NORMAL	-(long)	-(short)	1.00	.01	.01	1.00
DYSPLASIA	12	12	1.00	.30	.30	.90
C.I.S.	3	20	.99	.90	.50	.80
INVASIVE I	2	$3\frac{1}{2}$	.86	.90	.50	.70
II	2	2	.72	.90	.70	.70
III	2	3	.30	.90	.80	.70
IV	1	2	.10	.90	.90	.70

When a cohort of 10.000 women is followed under thèse assumptions, 486 develop
dysplasia, 256 of them carcinoma in situ, 207 go to the invasive stage and 185 clinical invasive. Ultimately 66 women die from cervical carcinoma.

c. Screening test
Two assumptions are compared, a high test sensitivity of 90% and a low sensitivity of 50% (tabel 1). Estimates of the sensitivity of the Papsmear vary between
30% and 100%. In general, the more sophisticated methods to assess the sensitivity tend to result in lower figures (IIASA 1975, May 1974).

d. Policy of mass screening
Two strategies are compared: Tests at ages 40, 45 and 50 at the one hand, at the
other hand the current strategy used in Holland: tests are offered at ages 35,
38, 41, 44, 47, 50 and 53. The attendance to the screening is assumed 90% for all
NORMAL women irrespective of the age at which the test is offered. For women in
each of the disease states the attendance is weighted (see table 1).
This reflects the assumption that high risk groups tend to have a lower attendance.

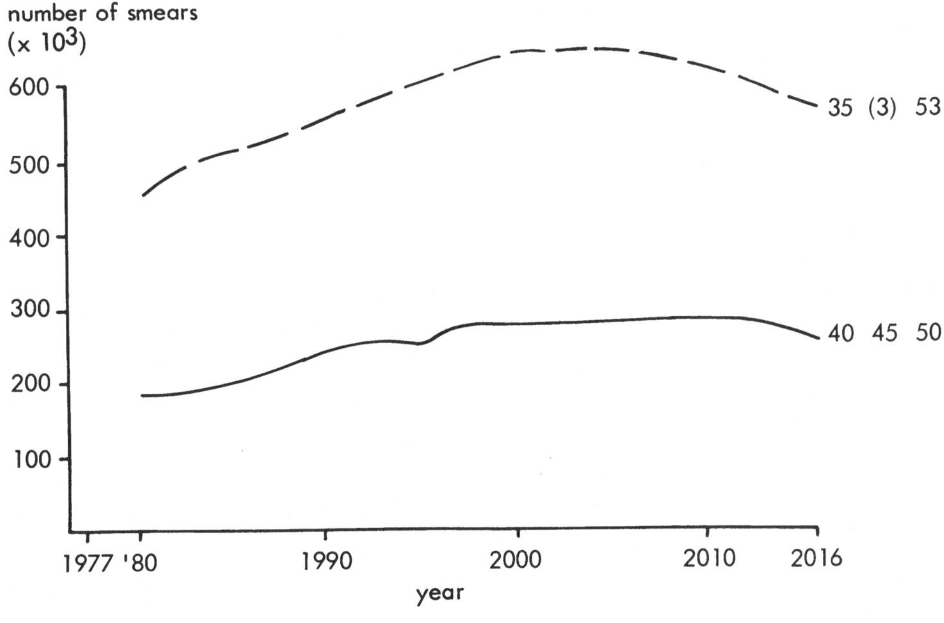

Fig. 2 Yearly number of smears to be made in the forthcoming years for the
two screening strategies compared.

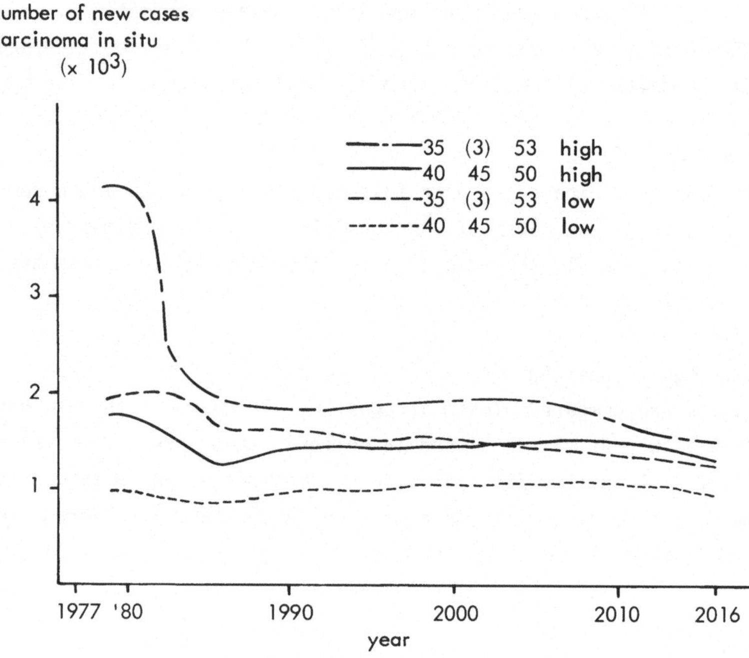

Fig. 3 Prediction of the yearly number of new carcinoma in situ cases, for two
different screening strategies. These two strategies are evaluated, assuming a high and a low sensitivity of the screeningstest.

4. Results

Using the assumptions that have been discussed in the preceding sections, predictions have been obtained on the effect of mass screening of cervical cancer, when it
is applied to the whole of the Netherlands. The growing number of middle-aged women
is reflected in figure 2. It shows the expected number of smears to be made according
to the two strategies. In figure 3, a prediction is given of the number of new cases
of women who have carcinoma in situ. In the first years, a large number of "prevalence cases" are detected. After a while, most of the cases detected will be "incidence
cases", resulting in a decrease of the number detected. The same reasoning can be
applied to figure 4, where the number of invasive cases is shown. When no screening
is performed, the crude incidence of cervical carcinoma will increase, due to the
growing number of middle-aged and elderly women in the dutch population. The current
policy will lead to a 50% decrease in the number of invasive cancers.

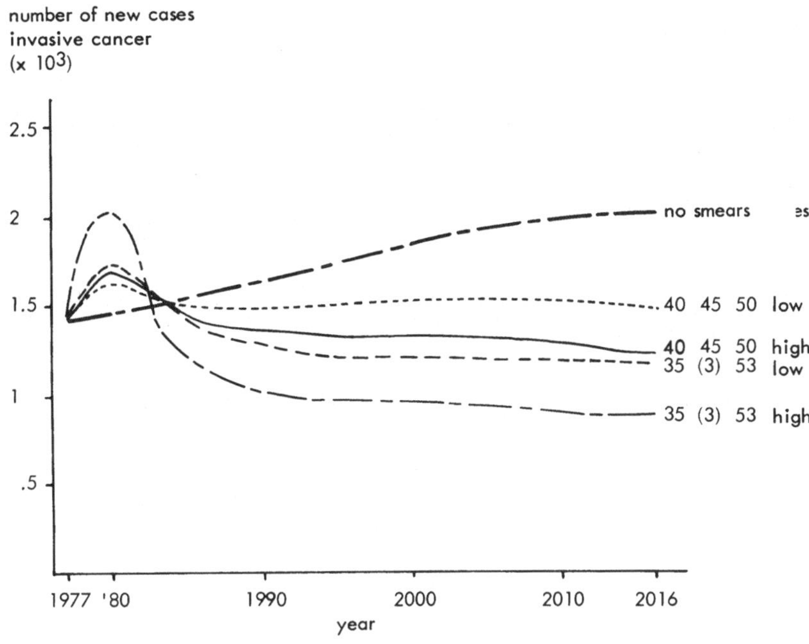

Fig. 4 Prediction of the yearly number of new invasive cancer cases, for two different strategies and two assumptions about the sensitivity of the screeningstest.

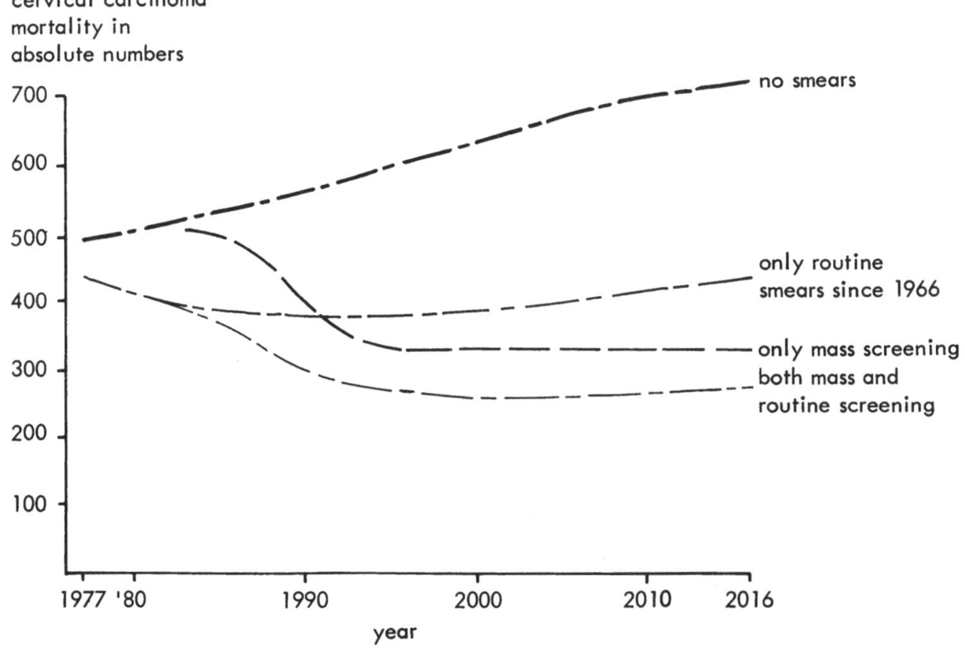

Fig. 5 Effect of routine screening on the result of mass screening.

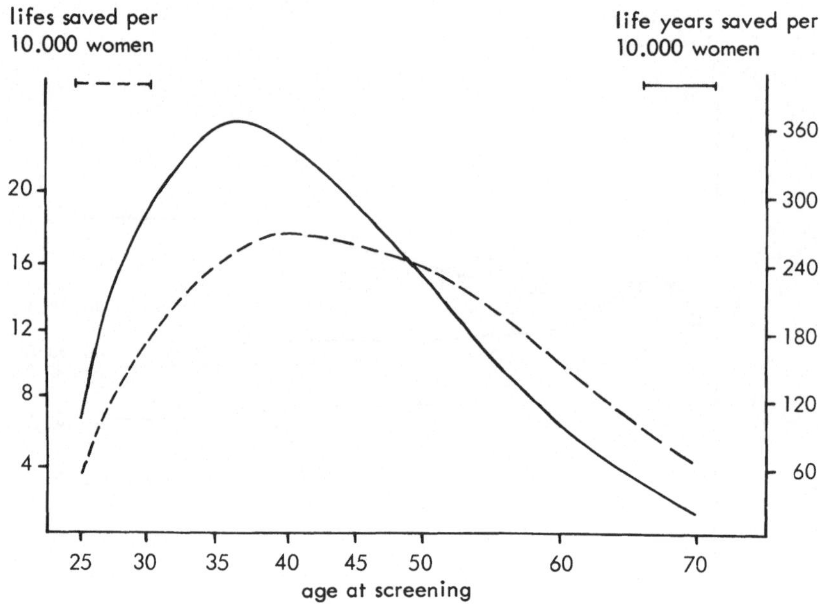

Fig. 6 Long-term effect of one screening dependent on the age at screening. Comparison of number of lifes saved and number of life-years saved.

A similar curve can be obtained concerning mortality of cervical cancer, where the decline is somewhat stronger due to the fact that invasive cancer found at mass screening will be in an earlier stage, and consequently will have better prognosis than those detected without screening. In these figures, we did not reckon with the great number of Papsmears that have been performed by G.P.'s and gynaecologists during the sixties and the seventies, and still are performed now that mass screening is introduced.

The effect of these routine smears is compared with the effect of combined routine smears and mass screening in figure 5. It was assumed that routine screening started in 1966 and that these smears are predominantly performed in the age-group 20-45. Presented is the yield of mass screening of the most favourable policy, giving a 60% decrease in mortality, or some 350 lifes annually if no routine screening were present besides the mass screening. The benefit decreases to about 35%, or in absolute number to about 100 lifes saved annually, when routine smears are incorporated in the model.

In figure 6, a comparison is made between two ways of measuring the effects of mass screening. The figures shows answers to the rather hypothetical question of finding an optimal age for one single screening. The continuous curve represents the number of lifeyears saved as a function of age at screening. The optimal age appears to be 36, and the loss of benefit is rather great especially in younger ages.

The intermitted curve represents the number of lifes saved and it can be seen that the optimal age here is 40 and that benefit is near-optimal for a larger range of ages around 40.

5. Discussion

The results as shown in the previous section were obtained with little knowledge of cervical morbidity and of the spread of cervical cytology in the Netherlands. In the meantime the sky has cleared a little: information on "routine"-screening in Rotterdam has been gathered, and plans are being made to start a cancer and cytology registry. Furthermore, the results of the first cycle of the mass screening program will be available soon.
Then, the problems in decision making on this mass screening can be reexamined, confronting the prospective evaluation presented here with new information. This validation attempt can lead to more reliable estimates.

Another way to improve the validity of the results obtained from the simulation programme, is to study the implication of the uncertainties, caused by the lack of knowledge of the factors that determine the (unknown) effects of mass screening. Assumptions on these factors, e.g., duration of carcinoma in situ, possibility of regression of carcinoma in situ, sensitivity of the Papsmear, are varied simultaneously in such a way that the criteria (mentioned in section 2) will still be met, in order to obtain a kind of confidence-interval of the effects of mass-screening.
The principle limitations of the programme by Knox are caused by the assumptions of independency between most of the events in the cohort, e.g., attendances to successive screenings, or dwelling times in successive states of the natural history. These assumptions are needed to allow the calculation of probabilities of events in the cohort by successive multiplication of transition probabilities.
An alternative to this "macro"simulation method, acting on a macro or group level, is the "micro"simulation method, in which individual life histories are generated, and then aggregated into a cohort.
Other models have been proposed for the evaluation of mass screening that use numerical methods to solve mathematically derived equations for the effect of screening (Shwartz 1978, Albert 1978).
However, when using this method it is not easy to deal with complex model assumptions. At the moment, a microsimulation computer programme is under development at our department; it is discussed in more detail in a progress report of the project.

References
- Albert, A., Gertman, P.M. and Louis, T.A. (1978).Screening for the Early Detection of Cancer. Mathematical Biosciences 40, 1-144.
- Boyes, D.A., Worth, A.J. and Fidler, H.K. (1970).The results of Treatment of 4389 Cases of Preclinical Cervical Squamous Carcinoma. J.Obstet.Brit.Cwlth. 77, 769-780.

- Collette, H.J.A. (1976). Epidemiologische Aspekten van het Cervixcarcinoom. Boeijinga, Apeldoorn (In Dutch).
- Fidler, H.K., Boyes, D.A. and Worth, A.J. (1968). Cervical Cancer Detection in British Columbia. J.Obst.Gynaec.Brit.Cwlth. 75, 392-404.
- Guzick, D.S. (1978). Efficacy at screening for cervical cancer: a review. Am.J. Public Health 68, 125-134.
- Habbema, J.D.F. and Oortmarssen, G.J. van (1979). Decision making on mass screening for disease. I. The use of mathematical models. To be published in: Modelle in der Medizin - Theorie und Praxis - Kongresbände GMDS,

- Hakama, M. and Räsänen-Virtanen, U. (1976). Effects of a Mass Screening Program on the Risk of Cervical Cancer. Am.J.Epidemiol. 103, 512-517.
- Harmse, N.S. and de Waard, F. (1973). Recente ontwikkelingen van de kankerfrequentie in drie registratiegebieden in Nederland. T.soc.Geneesk. 51, 670-679 (In Dutch).
- IIASA (1975). Proceedings of the joint IIASA/WHO workshop on screening for cervical cancer. Laxenburg, April 1-2, 1975.
- Knox, E.G. (1973). A simulation system for screening procedures. In: G. McLachlan (ed.): The future and present indicatives. Nuffield Provincial Hospital Trust-London.
- Knox, E.G. (1975a). Computer Simulation Studies of Alternative Population Screening Policies. In: Systems Aspects of Health Planning. N.T.J. Bailey, M. Thompson (eds.). North Holland Publishing Company.
- Knox, E.G. (1975b). Simulation Studies of Breast Cancer Screening Programmes. In: Probes for Health, G. McLachlan (ed.). Nuffield Provincial Hospital Trust, London.
- May, D. (1974). Error Rates in Cervical Cytological Screening Tests. Br.J.Cancer 29, 106-113.
- Shwartz, M. (1978). An Analysis of the Benefits of Serial Screening for Breast Cancer upon a Mathematical Model of the Disease. Cancer 41, 1550-1564.
- Walton, R.J. c.s. (1976). Cervical cancer screening programs. CMA Journal 114: 1003-1033.

<u>WERTIGKEIT DER SONOGRAPHIE IN DER FRÜHERKENNUNG</u>
<u>VON TUMOREN DES BAUCHRAUMES</u>

H. Kremer und M.A. Schreiber

Die Sonographie ist eine relativ junge diagnostische Methode und erlaubt risikolos, nicht invasiv und beliebig oft Schnittbilder von
Bauchorganen anzufertigen. Das sonographische Bild entsteht unabhängig
von der Funktion der untersuchten Organe und ermöglicht somit eine Di-
agnosestellung bei Patienten, bei denen die röntgenologischen oder nu-
clearmedizinischen Funktionsprüfungen wegen stark gestörter Organfunk-
tion in ihrer Aussage wesentlich eingeschränkt sind. Ionisierende Strah-
len oder Kontrastmittel kommen nicht zur Anwendung. Weitere diagnostische Maßnahmen werden durch die sonographische Untersuchung nicht beeinflußt.

Grundlage der sonographischen Diagnostik ist das Impuls-Echo-Verfahren.
Ultraschallwellen werden im biologischen Gewebe an sogenannten akustischen Grenzflächen teilreflektiert, also dort, wo Gewebe unterschiedlicher physikalischer Dichte aneinandergrenzen. Der reflektierte Anteil
der Ultraschallwelle läuft zurück zum Sender, der inzwischen auf Empfang
geschaltet ist. Aus der gemessenen Laufzeit läßt sich bei bekannter Aus-
breitungsgeschwindigkeit genau die Entfernung der reflektierenden Grenzfläche zum Sender-Empfänger berechnen, beziehungsweise auf einen Moni-
tor auftragen. Der nicht reflektierte Anteil der Ultraschallwelle läuft
inzwischen weiter bis zur nächsten akustischen Grenzfläche, wo sich der
gleiche Vorgang erneut abspielt. Aus einer Vielzahl von Lichtpunkten
unterschiedlicher Helligkeit wird das Ultraschallschnittbild zusammen-
gesetzt und man kann neben den Organkonturen auch Echos aus dem Organ-
parenchym, die Binnenstrukturechos, erkennen.

Die sonographische Diagnostik ist aus den obengenannten Gründen als
Screening-Methode geeignet, da sie nicht invasiv ist und den Patienten
nicht belastet. Der Nutzen der Sonographie als Screening-Methode ist
jedoch offen, da bisher noch nicht untersucht wurde, inwieweit prospek-
tiv an großen Patientenzahlen

    a) sonographisch Tumoren entdeckt werden, für die weder
       anamnestisch noch klinisch Anhaltspunkte bestehen,

b) die sonographischen Befunde mit den übrigen klinischen
und radiologischen Methoden übereinstimmen.

Retrospektive Untersuchungen haben sehr gute Übereinstimmungen zu Punkt
b) ergeben (1-5,7,9,10-15,17,18), während zu Punkt a) keine Untersuchungen vorliegen. Eine Reihe von Einzelbeobachtungen spricht jedoch dafür,
daß sonographisch Tumoren des Bauchraumes entdeckt werden, für die klinisch kein Verdacht besteht (5,6,7,10). Die bisherigen Befunde erlauben
die Arbeitshypothese, daß in einer größeren prospektiven Untersuchung
eine sonographische Früherfassung von Tumoren des Bauchraumes zu erwarten ist. Unter Früherfassung ist nicht nur die sonographische Erkennung
von mittelgroßen, symptomarmen oder symptomlosen Tumoren zu verstehen.
Tumoren lassen sich je nach dem umgebenden Gewebe bereits ab einer Größe
von 1 - 1,5 cm sonographisch nachweisen. Somit ist die Sonographie auch
zur Frühdiagnostik kleiner raumfordernder Prozesse geeignet.

Die Empfindlichkeit und Spezifität der sonographischen Diagnostik ist
je nach Organ, Lage des Tumors und umgebendem Gewebe unterschiedlich.
Hat das umgebende Gewebe ähnliche akustische Eigenschaften wie der Tumor,
so ist der Tumor schwieriger zu erkennen und die Empfindlichkeit nimmt
ab. Zahlen über Sensitivität, Spezifität und "predictive value" sind
in der sonographischen Literatur bisher nicht angegeben. Es gibt jedoch
eine Reihe von Untersuchungen, die die Ergebnisse der Ultraschalldiagnostik mit den Ergebnissen anderer Methoden vergleichen (2-5,8,10,16,18).

In der Diagnostik von Lebertumoren oder Lebermetastasen schneidet die
Ultraschalldiagnostik im Vergleich zur Szintigraphie besser ab (1). In
der Diagnostik von Pankreastumoren konnten wir an eigenen Zahlen gute
Ergebnisse vorweisen (2). Rechnet man diese Zahlen in die entsprechenden
Kenngrößen aus, so findet man eine Empfindlichkeit von 0,9 in der sonographischen Diagnostik von Pankreastumoren. Die Spezifität beträgt 0,96,
der "predictive value" des positiven Testes 0,77, der "predictive value"
des negativen Testes 0,98. Die Prävalenz von Pankreaskarzinomen in der
untersuchten Gruppe liegt mit 0,10 allerdings erheblich höher als in
der Bevölkerung infolge der Selektion durch Klinikzuweisung. Bei einigen
Tumoren (Leber- und Pankreastumoren) hat die Sonographie einen neuen
Grad an Sicherheit in der Diagnostik erbracht (1,2,4,17).

Im Folgenden stellen wir einen Versuchsplan vor, nach dem die Wertigkeit der Sonographie in der Früherkennung von Tumoren des Bauchraumes
an der Medizinischen Poliklinik geprüft werden soll.

<u>**Versuchsplan:**</u>

Vor der internistischen Durchuntersuchung werden unausgewählt alle Patienten ab dem 25. Lebensjahr, die der Klinik zugewiesen werden, sonographisch untersucht mit der Frage, ob Hinweise für einen Tumor im Bauchraum bestehen. Spezielle Ausschlußkriterien von Patienten für diese Studie bestehen nicht, da die nicht invasive, nicht belastende und risikolose Methode dies nicht erfordert.

Es wird ein "Primär-Screening" von einem "Secundär-Screening" unterschieden. Der sonographische positive Tumor-Befund des "Primär-Screening" (Patient ohne primären Tumorverdacht) wird dem Kliniker nicht unmittelbar mitgeteilt. Diese Karenzzeit wird auf maximal 2 Wochen eingegrenzt, was beim Vorliegen eines positiven Befundes vertretbar ist. Grund der Zuweisung, allgemeines Beschwerdebild sind bei der sonographischen Untersuchung bekannt.

Unter "Secundär-Screening" wird verstanden, daß Patienten, die bereits mit der Verdachtsdiagnose auf ein Malignom des Bauchraumes zur internistischen Untersuchung oder zur sonographischen Untersuchung zugewiesen werden, direkt zur sonographischen Lokalisationsdiagnostik kommen. Der sonographische Befund des "Secundär-Screening" wird dem überweisenden Kliniker unmittelbar mitgeteilt.

Selbstverständlich wird der behandelnde Kliniker im Einzelnen entscheiden, welche weiteren diagnostischen Maßnahmen ergriffen werden. Es obliegt dem Kliniker auch zu entscheiden, ob bei Patienten Indikationen zu mehrmaligen gezielten sonographischen Untersuchungen bestehen. Befunde solchen gezielten und indizierten Suchens werden dem Kliniker unmittelbar mitgeteilt; diese Patientengruppe wird in der Auswertung gesondert behandelt. Die Patientengruppe, die auf Anforderung zur gezielten Sonographie kommt, hat einen klinisch begründeten Karzinomverdacht, wenn wenigstens eines der folgenden Symptome gegeben ist:

1. Gewichtsverlust
2. BKS-Beschleunigung
3. Alpha-2-Erhöhung
4. Haematurie
5. Auftreten neuer Schmerzen
6. Tastbare Resistenzen im Abdomen.

Nach Ablauf einer Frist von 1 - 2 Wochen wird der sonographische Befund

mit den klinischen Daten verglichen. Bei diesem ersten Vergleich werden
klinische Merkmale wie die wichtigsten Beschwerden, Gewichtsabnahme,
Auftreten neuer Schmerzen, BKS-Beschleunigung, Alpha-2-Erhöhung sowie
die vorläufigen klinischen Arbeitsdiagnosen des behandelnden Arztes
erfaßt.

Der Kliniker muß bereits zu diesem Zeitpunkt entscheiden, ob er einen
Tumorverdacht äußern kann oder nicht, gegebenenfalls den Sitz des ver-
muteten Tumors angeben. Die vage Aussage "Tumor nicht ausgeschlossen"
reicht nicht aus, um die klinische Verdachtsdiagnose auf einen Tumor
zu begründen. Nachdem die Befunde des Klinikers erfaßt sind, erhält
dieser das Ergebnis der sonographischen Untersuchung. Eine Vervollstän-
digung des Erfassungsbogens erfolgt nach Abschluß der Diagnostik vor
Ablage des Krankenblattes ins Archiv.

Werden mit Hilfe von Referenzmethoden Tumoren beschrieben, die sonographisch bereits bekannt sind, so erfolgt ein Vergleich der verschiedenen Aussagen. Stehen die Aussagen der sonographischen Untersuchung
und der Referenzmethoden im Widerspruch, so wird die am wenigsten belastende Methode (Sonographie) unverzüglich wiederholt und je nach kli-
nischem Verdacht werden weitere diagnostische Maßnahmen ergriffen.

Die sonographische Untersuchung erfolgt nach einem standardisierten
Schema. Dieses umfaßt Longitudinalschnitte, Transversalschnitte, Sub-
costalschnitte beidseits, Intercostalschnitte sowie die Untersuchung
der Nieren in rechter und linker Seitenlage und von dorsal. Außerdem
werden neben dem Oberbauch auch Mittel- und Unterbauch sonographisch
durchgemustert.

Auf einem standardisierten Erhebungsbogen werden neben Personaldaten
die klinischen Grunddaten unmittelbar festgehalten und durch Übertra-
gungen aus dem Krankenblatt ergänzt (klinische Untersuchungsbefunde und
drei klinische Diagnosen). Daneben wird die sonographische Befunddiag-
nose eingetragen. Der Erhebungsbogen wird den Anforderungen eines Ab-
lochbeleges entsprechend aufgebaut. Für die Verschlüsselung der Diagnosen wird der "international code of diseases" (ICD) verwendet.

Beträgt die klinische Untersuchungsdauer länger als 3 Monate, so ist
ein erneutes Sonogramm erforderlich, um einen inzwischen gewachsenen
Tumor auch sonographisch erfassen zu können. Da ein Nichtentdecken eines
inzwischen gewachsenen Tumors der Methode sonst nicht angelastet werden

kann, sind solche Fälle für die Auswertung der Sensitivität auszuschlie-
ßen, soweit kein erneutes Sonogramm vorliegt.

Reliabilitätsprüfung:

Die Prüfung der Reliabilität im Rahmen dieser Studie wird so früh wie
möglich durchgeführt. Die Reliabilitätsprüfung wird von einer Dokumentationsassistentin vorbereitet, indem nach vorbereitetem Zuteilungsplan
streng zufällig (randomisiert) Patienten und verschiedene Untersucher
für die Prüfung herausgegriffen werden. Nach dem Testwiederholungsver-
fahren wird ein Patient von zwei Untersuchern unabhängig voneinander
oder von einem Untersucher erneut mit einem zeitlichen Abstand von mehreren Tagen sonographiert und die schriftlich fixierten sonographischen
Befunde von der Dokumentationsassistentin korreliert. Auf diese Weise
werden sowohl intra- als auch interpersonelle Untersuchervariationen
objektiviert.

Referenzmethoden:

Aus praktischen Gründen empfiehlt es sich, die verschiedenen klinischen
Referenzmethoden in definitive und adjuvante Methoden zu unterscheiden.
Unter einer definitiven Referenzmethode würde man diejenige Methode verstehen, deren Aussage man unabhängig vom sonographischen Befund als end-
gültig akzeptiert. Als definitive Methode wird der Operationsbefund mit
den Ergebnissen der histologischen Untersuchung angesehen. Die intra-
operative Inspektion und Palpation eines Organs erlaubt natürlich eine
weitergehendere Aussage als jede indirekte abbildende Diagnostik.

Adjuvante Referenzmethoden sind z.B. die übrigen nicht invasiven diagnostischen Methoden, wie Computertomographie, Szintigraphie und Röntgen-
kontrastuntersuchungen. Entsprechend der unterschiedlichen Empfindlichkeit und Spezifität der einzelnen Methoden muß auch der Wert der einzelnen adjuvanten Referenzmethoden unterschiedlich eingeschätzt werden. Die
höchste Aussage dürfte dabei der Computertomographie und der Angiographie
zukommen, in zweiter Linie der Szintigraphie und den Röntgenkontrastme-
thoden.

Mit Hilfe dieses Versuchsansatzes ist es möglich, die Spezifität und
Sensitivität der Sonographie in der Früherkennung von Tumoren des Bauchraumes zu prüfen. Bei Risikopatienten, bei denen auf Grund anderer Un-

tersuchungsergebnisse das Auftreten eines Tumors vermutet werden muß, kann mit Hilfe der Sonographie eine risikolose Lokalisationsdiagnostik betrieben werden. Die Brauchbarkeit der Sonographie für das vorzeitige Erkennen von bis dahin symptomlosen Tumoren wird ermittelt. Durch die Gegenüberstellung mit den entsprechenden Referenzmethoden wird die Treffergenauigkeit der Sonographie hinsichtlich Tumoren im Bauchraum festgestellt und die Aussagegenauigkeit des sonographischen Schnittbildes wird an Hand intraoperativer und autoptischer Befundgegenüberstellung validiert.

LITERATURVERZEICHNIS:

1) RETTENMAIR, G.: Pankreasdiagnostik mit der Ultraschallschnittbild-methode. Dtsch.med.Wschr. 98 (1973) 1975;
2) KREMER, H., KELLNER, E., SCHIERL, W., SCHUMM, C., WEIDENHILLER, S. und N. ZÖLLNER: Sonographische Pankreasdiagnostik, Katamnese von 481 Fällen. Mchn.med.Wschr. 119 (1977) 1449;
3) KREMER, H., WEIDENHILLER, S., SCHIERL, W., HESS, H.; ZÖLLNER, N. und HEBERER, G.: Sonographische Untersuchung der Aorta abdominalis. Med.Welt 28 (1977) 1688 - 1690;
4) KREMER, H., SCHIERL, W., ZÖLLNER, N.: Sonographische Diagnostik bei Verschlußikterus, eine Auswertung von 145 Fällen. Verh.dtsch.Ges.inn.Med. 83 (1977) 504 - 507;
5) LUTZ, H., PETZOLDT,R.: Ultrasonic Pattern of Space Occupying Lesions of the Stomach and the Intestine. Ultrasound Med.Biol. 2 (1976) 129 - 132;
6) KREMER, H., LOHMÖLLER, G., ZÖLLNER, N.: Primary Ultrasonic Detection of a Double Carcinoma of the Colon. Radiology 124 (1977)481-482;
7) KREMER, H., KELLNER, E., SCHIERL, W. und ZÖLLNER, N.: Sonographische Diagnostik bei infiltrativen Magen-Darm-Erkrankungen. Dtsch.med.Wschr. 103 (1978) 965 - 966;
8) GOLDBERG, BB.: in "Diagnostic Uses of Ultrasound", Goldberg, BB., Kotler, M.N., Ziskin, UC., Waxham, JD. Grune and Stratton 1975,243ff;
9) SCHIERL, W., KREMER, H., ZÖLLNER, N.: "Sonographische und radiographische Gallenblasendarstellung. Vergleich beider Methoden mit dem Operationsergebnis". Vortrag auf dem Kongreß "Ultraschalldiagnostik 1977", Wien, Dezember 1977;
10) LUTZ, H.: "Ultraschalldiagnostik (B-scan) in der Inneren Medizin", Lehrbuch und Atlas, Springer Verlag Berlin, Heidelberg, New York 1978;
11) GOLDBERG, B.B., HARRIS, K., BROOCKER, W.: Ultrasonic and Radiographic Cholecystography. Radiology 111 (1974) 405 - 409;
12) LUTZ, H., KAETTERLE, D., PETZOLDT, R.: "Ultraschalldiagnostik von Lebermetastasen", Leber, Magen, Darm 5 (1976) 223 - 227;
13) LUTZ, H., PETZOLDT, R., HOFMANN, K.P., RÖSCH, W.: "Ultraschalldiagnostik bei Pankreaserkrankungen". Klin.Wschr. 53 (1975) 419 - 424;
14) LUTZ, H., SEIDL, R., PETZOLDT, R., FUCHS, H.F.: Gallensteindiagnostik mit Ultraschall. Dtsch.med.Wschr. 100 (1975) 1329 - 1331;
15) RETTENMAIR, G.: "Ultraschall zur Differentialdiagnostik bei umschriebenen Leberprozessen und beim Verschlußsyndrom". Therapiewoche 20 (1970) 1827 - 1831;
16) GOLDBERG, B.B., KOTLER, M.N., ZISKIN, M.C., WAXHAM, R.D.: "Diagnostic Uses of Ultrasound". 1975 by Grune and Stratton, S. 323;
17) RETTENMAIR, G.: "Leistungsfähigkeit der Sonographie bei Erkrankungen der Bauchspeicheldrüse" in "Die Untersuchung der Bauchspeicheldrüse". 1. Hamburger Medizinisches Symposium, 12. u. 13. Dez. 1975, heraus-

gegeben von H. Bartelheimer, M. Classen und F.W. Ossenberg.
Georg Thieme Verlag 1976;
18) FEINBERG, S.B., SCHREIBER, D.R., GOODALE, R.: "Comparison of Ultrasound, Pancreatic Scanning and Endoscopic Retrograde Cholangio-
pancreatograms: A Retrospective Study". J.Clin.Ultrasound 4(1976)96.

"KREBSTESTE" IN DER ERKENNUNG UND VERLAUFSBEOBACHTUNG VON MALIGNOMEN.

H.-J. Schmoll

Die Geschichte der Suche nach Testen, die eine Krebserkrankung im
Körper zeigen können, ist ähnlich lang und erfolglos wie die Suche
nach dem Parameter, der eine Erkrankung des menschlichen Körpers
überhaupt anzeigen könnte. In den letzten 10 Jahren ist auf diesem
Gebiet eine enorme Anstrengung zu erkennen; dies liegt vielleicht
in der Erfahrung und in der zunehmenden Erkenntnis, daß die Krebsbe-
handlung bei schon klinisch erkennbarer, fortgeschrittener Krebserkrankung zumeist nur wenig auszurichten vermag. Ein weiterer wichtiger Faktor mag sein, daß die existierenden Krebs-(Früh-)erkennungs-
maßnahmen wie zum Beispiel Zervixzytologie oder Mammographie und
Thermographie mit definierter Sensitivität und hoher Spezifität wegen ihrer Aufwendigkeit für Untersucher und Patient sich als schlech-
tes Instrument zur regelmäßigen Untersuchung einer ausreichend großen Population erwiesen haben, das darüber hinaus auch bei optimaler
Nutzung nur maximal 5 % aller Krebserkrankungen erkennen kann. Ein
sinnvoller, breit anwendbarer, alle Tumoren·in jedem Stadium erfas-
sender Test, der hochsensibel und hochspezifisch ist, einen hohen
prädiktiven Wert be- sitzt, der dazu einfach und überall durchführbar ist, jederzeit reliabel wiederholbar ist, preiswert ist und den
Patienten nicht belastet, der universelle Krebstest also, - ist
sicher ein unrealistischer Wunschtraum. Aber wenn ein diesen Bedingungen entsprechender Test vorhanden wäre, würde neben dem Problem
der falsch positiven und falsch negativen Fälle mit den Kosten der
Nachuntersuchungen die Frage nach der Lokalisation des Tumors
Schwierigkeiten bereiten, wenn nicht hierfür weitere Tests zur Lokalisationsdiagnostik zur Verfügung stehen. Eine noch wichtigere
Frage, die allerdings hier nicht weiter diskutiert werden soll, be-
rührt den Sinn eines solchen Krebstestes an sich: Kann denn die
Tumorerkrankung nach ihrer Entdeckung auch wirklich sinnvoll und er-
folgreich behandelt werden? Bessert sich die Prognose der Erkrankung
durch die frühere Erkennung?

Im folgenden sollen eine Reihe von möglichen Tumortests und Unter-
suchungsmethoden zur Erkennung einer malignen Erkrankung mit Hilfe
von Blut-Bestandteilen aufgezählt und bewertet werden. Bei der Bewertung muß sinnvollerweise auf die zum Teil sehr unterschiedlichen
Zielsetzungen dieser Tests eingegangen werden:

1. Handelt es sich um einen Test zur Früherkennung, d. h. wird er "positiv" bei einer Zahl maligner Zellen im Körper unter 10^9, d. h. bei einer Tumorgröße unter 1 cm^3? (21)
2. Wie groß ist die Spezifität und die Sensitivität sowie der prädiktive Wert (unter Einschluß der Prävalenz der Erkrankung) des Testes? (8)
3. Ist der Test spezifisch für bestimmte Tumorarten?
4. Eignet sich der Test als therapiebegleitender Verlaufparameter oder zur Rezidiverkennung?

Die Beantwortung dieser Fragen ist bei einigen wenigen der heute etablierten, anerkannten Testmethoden oder Untersuchungstechniken mit Einschränkung möglich; bei den restlichen Tests ist diese Bewertung zumeist unmöglich, was umso bedauerlicher ist, als diese restlichen Tests die überwiegende Mehrheit darstellen.

Die heute gebräuchlichen, zur Verfügung stehenden oder noch in Erprobung befindlichen Tests können nach folgenden Gruppen aufgeteilt werden:

a) "Mystische" Methoden.
b) Allgemeine Serumparameter.
c) Stoffwechselprodukte mit besonderer Beziehung zu Tumorzellen.
d) Sog. "Fetale Antigene".
e) "Humors from Tumors".
f) Leukozyten/Lymphozytenfunktionstests.

    1. "Kapillardynamolyse" nach Kolisko-Kaelin
    2. Blut ➤ Urin-Test nach Neunhöffer
    3. Carcinochromreaktion

    Tab. 1 "Mystische" Methoden

a) <u>"Mystische" Methoden</u> (Tab. 1)

Diese Methoden sind nach Angabe ihrer Erfinder jeweils hochspezifische Krebsteste, die zumeist nur in der Hand ihrer "Entdecker" als solche funktionieren. Allen ist gemeinsam, daß Untersuchungen zur

Validität und Reliabilität zumeist nicht durchgeführt wurden; wurde
ein Test dieser Prüfung unterzogen, fiel sie negativ aus. So soll
zum Beispiel Blut des Krebskranken bei 75 % der Carcinompatienten
an der Glaswand haften bleiben, wenn es in frischen Urin gespritzt
wird. Bei der Kapillar-Dynamolyse nach Kolisko-Kaehlin soll Form und
Schnelligkeit des Durchwanderns von Patientenserum auf Filterpapier,
das mit Iscador getränkt ist, Hinweise auf das Vorliegen einer Präkanzerose geben. Einige meinen, Vorhandensein sowie Lokalisation
eines Tumors an der Art der Agglutination von Erythrozyten im Aus-
strich des peripheren Blutes erkennen zu können, wenn eine bestimmte
Färbemethode eingesetzt wird. Dabei zeigt die Formation zum Beispiel
einer Niere das Vorhandensein eines Nierenkarzinoms an. Wechslende
Fällbarkeit des Serums durch anorganische Substanzen, oder Verschie-
bungen der Elektrolyte und Metalle im Serum mit tumorspezifischen
"Carcinogrammen", oder die Carcinochromreaktion sind ähnliche Methoden (15). Im Prinzip haben alle Methoden einen ähnlichen Stellenwert
wie die Irisdiagnostik.

	Tumorspezifisch	Spezifität	Sensitivität	Frühtest	Verlaufs-parameter
BKS	Ø	30 – 40 %	∼50 %	–	(+)
Kupfer/Eisen	Ø	30 – 40 %	30 – 50 %	(+)	(+)
Elektrophorese	Ø	< 30 %	< 30 %	–	–
Calcium	Hypernephrom Mamma	?		–	–
Gerinnungs-änderung	Ø	< 30 %	< 30 %	–	–

Tab. 2   Allgemeine Serumparameter

b) <u>"Allgemeine" Serumparameter</u> (Tab. 2)

Die beschleunigte Blutkörperchensenkungsgeschwindigkeit ist immer
noch eine der zuverlässigsten Hinweise für eine klinisch fortge-
schrittene aber evtl. noch occulte Krebserkrankung. Insbesonder als
Verlaufsparameter ist diese unspezifische Reaktion wertvoll. Der erhöhte Kupfer-Eisen-Quotient zeigt eine Aktivierung des retikuloendo-

thelialen Systems, oder über den erhöhten Caeruleoplasmin-Spiegel im Gefolge eines erhöhten Zellturnovers eine Proliferation von Zellen mit Zellnekrosen an. Auch hier liegt ein unspezfischer Effekt vor (10,3). Calcium ist überwiegend beim Hypernephrom, Mammacarcinom oder Bronchuscarcinom (14) im Sinne eines paraneoplastischen Syndroms erhöht, aber nur selten und jeweils im Spätstadium der Erkrankung. Die erhöhte Gerinnungsbereitschaft sowie die erhöhte Thrombozytenadhäsivität ist ebenfalls als paraneoplastisches Syndrom eher im progredienten Stadium einer Tumorerkrankung zu finden.

	Tumor	Spezifität	Sensivität	Frühtest	Verlaufs-parameter
Sialyttrans-ferase	diverse	?	?	? (−)	? (+)
freie DNS	diverse	? (~80 %)	? (~45 %)	? (−)	? (+)
Polyamine	diverse	? (~70 %)	? (~60 %)	? (+)	+
Glykoprotein-Glykolysation	diverse	? (~50 %)	? (~80 %)	−	?
Immunkomplexe	diverse (alle?)	?	?	?	? (+)

Tab. 3 Stoffwechselprodukte mit Beziehung zu Tumorzellwachstum

c) <u>Stoffwechselprodukte mit besonderer Beziehung zu Tumorzellen</u> (Tab. 3)

Es handelt sich im wesentlichen um biochemische Mediatoren, Enzyme und Glycoproteine des normalen Zellstoffwechsels; infolge des im gesamten erhöhten Zellturnovers mit erhöhter Gesamtzellsyntheseleistung des Körpers kommt es zu einer Veränderung der Serum- und Urinkonzentrationen der einzelnen Substanzen. Wenn auch die meßtechnischen Probleme zum Nachweis auch kleinster Mengen der Substanzen wie Sialyltransferase, freie DNS, Putrescin, Spermin, Spermidin (d. h. die Gesamtpolyamine) lösbar sind, handelt es sich auch hier eher um einen tumorunspezifischen Effekt, da diese Parameter auch bei erhöhtem Zellturnover aus anderem Grund wie zum Beispiel bei Infektionen verändert sind. Als Verlaufsparameter sind sie nur im Falle einer Erhö-

hung vor Therapiebeginn einer neoplastischen Erkrankung nützlich,
da eine Veränderung der Spermidin/Putrescin-Quotienten oder ein Rückgang der Sialyltransferase im Serum oder Urin Aufschluß gibt über
das Ausmaß der erreichten Zellmassenreduktion und evtl. eine Wieder-
zunahme der proliferierenden Zellmasse anzeigt (9). Die Glykoprotein-
Glykolysation ist bei Tumorzellen offenbar nachweisbar verändert,
was mit der Technik der radialen Immundiffusion nachgewiesen werden
kann (18). Es gibt zur Zeit noch keine Bestätigung dieser Befunde
auf breiterer Basis. Die Bestimmung der freien Desoxyribonucleinsäu-
re im Serum von Tumorpatienten hingegen scheint ebenso, wie die Bestimmung von zirkulierenden Immunkomplexen nach anfänglichen methodi-
schen Problemen einen genaueren Hinweis zu geben auf das Vorhandensein von neoplastischen Zellpopulationen im Körper; auch als Verlaufsparameter scheinen diese Bestimmungen brauchbar (12,7).

	Tumor	Spezifität	Sensivität	Frühtest	Verlaufs-parameter
ACTH	Lunge	<30 %	<30 %	−	(+)
ADH	Lunge, Ovar	<30 %	<30 %	−	(+)
Calcitonin	Bronchus, Niere, Thyreoidea	<50 %	<50 %	?	(+)
Gastrin	Magen	<50 %	<50 %	−	(+)
Parathormon	Bronchus, Niere	<50 %	<50 %	−	(+)
Prostaglandin	Niere, Mamma, Prostata	<50 %	<50 %	−	(+)
LH, FSH, STH, ISH	Hypophyse	~70 %	~70 %	(+)	+
T3, T4	Thyreoidea	~90 %	~60 %	−	+
Insulin	Pankreas, Bronchus	<30 %	<30 %	−	+
Hydroxyindol-essigsäure	Dünndarm-karzinoid	~80 %	~70 %	−	+

Tab. 4.   "Humors from Tumors"

d) "Humors from Tumors" (Tab. 4)

Als paraneoblastisches Syndrom wird die ektope Produktion eines
physiologischen Hormons bezeichnet (ACTH, ADH, Calcitonin, Gastrin,
Parathormon, Protaglandin), im Gegensatz zur Produktion des gewebs-

spezifischen Hormons, dem der Tumor entstammt (Insulin beim Insuli-
nom, 5-HIE beim Carcinoid, T3, T4 beim Schilddrüsencarcinom). Mit
Ausnahme des häufigen Bronchialcarcinoms, bei dem Calcitonin und
ACTH nach neueren Untersuchungen als Tumormarker für die Verlaufsbe-
urteilung herangezogen werden, handelt es sich um sehr selten auftre-
tende Veränderungen, die dann allerdings sehr spezifisch für eine
bestimmte Tumorlokalisation sind.

	Tumor	Spezifität	Sensitität	Frühtest	Verlaufs-parameter
CEA Carcinomembryo- nales Antigen	Colon Rectum Lunge	60 - 70 %	50 - 80 %	(+)	+
AFP Alpha 1- Fetoprotein	Leber Teratom	70 - 80 % 100 %	70 - 80 % 60 %	(+) (+)	+ +
Beta- HCG	Embryonales Carcinom Chorionca.	100 % 80 - 90 %	40 % 80 - 90 %	(+) (+)	+ +
BOFA Beta 1- Glykoprotein	Leber	?	?	?	+
LAA Leukämie-Asso- ziiertes Antigen	Leukämie	?	?		+
Ferritin	M.Hodgkin	?	?	?	+
C3DP-Protein	div. Tumore	?	?	?	?
Gamma-Feto- protein	?	?	?	?	?
Alpha 2H- Fetroprotein	?	?		?	

Tab. 5   "Fetale Antigene"

e) <u>"Fetale" Antigene</u> (Tab. 5)

Bei den fetalen Antigenen handelt es sich um eine Gruppe von vornehm-
lich Alpha- oder Beta-Glykoproteiden mit unterschiedlichem Molekular-
gewicht, die physiologisch während der frühen Gestation gebildet werden (Alpha-Fetoprotein im Dottersack, Leber und Gastrointestinaltrakt; CEA im Gastrointestinaltrakt, Lunge, Pankreas), und bei malignen Tumoren dieser Organe im Erwachsenenalter - jetzt unphysiolo-

gisch - wieder gebildet werden und in den Körperflüssigkeiten nach-
gewiesen werden können. In der letzten Zeit werden zunehmend weitere
Glykoproteide wie das Alpha 2-HF, das fetale Sulphoglykoprotein
(FSA), das Beta-S-Fetoprotein oder das Gamma-Fetoprotein definiert.

Klinische Wertigkeit besitzt das CEA mit einer Spezifität von 60 bis
70 % und Sensitivität von 50 bis 80 % für das Colon-, Rectum-, Pan-
creas- und Bronchialcarcinom; beim Mammacarcinom und Magencarcinom
liegen die Werte niedriger. Falsch positive CEA-Werte werden sowohl
beim gesunden Raucher als auch bei Patienten mit entzündlichen Darm-
erkrankungen oder mit Lebererkrankungen gemessen. Als Verlaufsparameter ist die Bestimmung von CEA sehr wertvoll bei diesen Tumoren,
als Frühtest weniger (11). Die wesentliche klinische Bedeutung von
Alpha-Fetoprotein liegt in der Überwachung von Lebercirrhosepatien-
ten mit einem erhöhten Risiko einer malignen Entwicklung im Sinne
eines Hepatocarcinoms: in 95 % aller dieser Fälle zeigt ein Anstieg
von Alpha-Fetoprotein die maligne Entartung an. Bei 80 bis 90 % aller Patienten mit Teratocarcinomen des Hodens ist Alpha-Fetoprotein
erhöht; hier ist die Bestimmung zusammen mit der Bestimmung von Beta-
Humanchoriongonadotropin (Beta-HCG), das in 40 % aller Fälle erhöht
ist, heute ein essentieller und zentraler Bestandteil in der Diagnostik des Ausbreitungsstadiums, für den Nachweis von residuellen Meta-
stasen nach chirurgischen, chemotherapeutischen oder radiologischen
Maßnahmen sowie in der Verlaufskontrolle (20,14).

Über die weiteren in der Tabelle 5 aufgeführten Antigene liegen noch
nicht genügend Erfahrungen vor, um deren Relevanz abschätzen zu können (22,6).

	Organspezif.	Spezifität	Sensitivität	Frühtest	Verlaufs-parameter
MEM Makrophagen- Motilitäts- Hemmtest	(+) ?	50 - 80 %	50 - 80 %	(+) ?	- / (+)
EMT Erythrozyten- Elektrophorese- Mobilitäts- Hemmtest	(+)?	50 - 90 %	50 - 95 %	(+) ?	- / (+)
LAI Leukozyten- Adhärenz- Inhibitions- Test	(+)?	70 - 80 %	70 - 80 %	(+) ?	- / (+)
PAL Poly-L-Lysin- Agglutinations- Test	Ø	80 - 90 %	90 %	+ (?)	- / (+)
SCM Struktur-Cyto- plasmatischer Matrix-Test	(+)?	95 %	100 %	(+)(?)	-
MIF Clausenplatten- Test mit Leuko- zyten u. Antigen	(+)?	50 - 70 %	50 - 90 %	(+) ?	- / (+)

(Tab. 6   Leukozyten/Lymphozyten-Funktionstests

f) <u>Leukozyten/Lymphozyten-Funktionsteste</u> (Tab. 6)

Bei sämtlichen in der Tabelle aufgeführten Tests handelt es sich um
Methoden, die zwar von seiten des zu untersuchenden Patienten nur
eine Entnahme von ca. 10 ml Blut erfordern, für dessen Durchführung
aber ein zum Teil größerer apparativer und personeller Aufwand erforderlich ist. Es soll an dieser Stelle nicht auf die Grundlagen oder
Details der einzelnen Teste eingegangen werden: im Prinzip wird beim
Makrophagen-Mobilitäts-Hemmtest (MEM) (5), beim Erythrozyten-Mobili-
täts-Hemmtest (EMT) (16), beim Leukozyten-Adhärenz-Inhibitionstest
(LAI) (13) sowie beim MIF-Test versucht, eine – hypothetisch angenom-
mene – Reaktion der immunkompetenten Zellen von Tumorträgern beim
in vitro-Kontakt mit sogenannten Tumorantigenen mit unterschiedlichen indirekten Essays nachzuweisen. Beim Poly-L-Lysin-Lymphozyten-
Agglutinationstest (PAL) (1) und beim Test der zytoplasmatischen

Struktur (SCM) (2) wird eine Veränderung der Oberflächenmembran der immunkompetenten Zellen bei Tumorträgern nachgewiesen.

Die in jeder Tabelle angegebenen Werte für die Spezifität, Sensitivität, Organspezifität und über die Eignung als Frühtest oder als Verlaufsparameter sind äußerst vorläufig; in der letzten Zeit mehren sich die kritischeren Berichte von anderen Arbeitsgruppen, die diese Ergebnisse nicht reproduzieren können. So fand PRITCHARD zum Beispiel für den MEM-Test bei einer Blindstudie mit 210 Patienten eine Rate von falsch negativen Testen bei Krebspatienten von 43 % und eine Rate von falsch positiven Testen bei Nicht-Tumorpatienten von 34 % (17). Eine solche Sensititvität und Spezifität wäre derjenigen einer Irisdiagnostik nicht weit überlegen.

<u>Zusammenfassung</u>:

Aus der Beschreibung der diversen Probleme sollte deutlich werden, welche Schritte für die Bewertung eines Bluttestes für die Erkennung einer Krebserkrankung aus dem Blut erforderlich und unabdingbar sind:

1. Die Reliabilität der Methode muß bestimmt und gesichert sein. Erst dann kann

2. die Validität dieser Methode als Krebstest überprüft werden, und zwar

   a) an einem Kollektiv definiert nicht-kranker Probanden, und

   b) an einem Kollektiv definiert kranker, aber nicht tumorkranker Probanden zur Bestimmung der Spezifität des Testes.

   Weiter muß die Methode überprüft werden

   c) an einem Kollektiv definiert Tumorkranker ohne Vorbehandlung, zur Bestimmung der Sensitivität. Wenn Spezifität und Sensitivität feststehen, muß der Test

   d) an einem Kollektiv von Patienten mit definierter Präkanzerose oder Frühcarcinom (Collum, Magen) überprüft werden. Spezifität und Sensitivität aus diesen Tests definieren den Wert des Tests in der Früherkennung. Alle Untersuchungen zusammen können den prädiktiven Wert des Testes definieren, der dann letztlich für den Einsatz der betreffenden Testmethode in der Routine entscheidend ist, da hierfür auch ökonomische Überlegungen mit Cost-Benefit-Analysen eine Rolle spielen müssen.

Bei allen Überlegungen kann heute schon die anfangs gemachte Feststellung als sicher gelten:

<u>den</u> Krebstest gibt es (noch) nicht. Sinnvoll aber, für die vorläufige Zukunft praktikabel und für eine Reihe von Patienten vielleicht doch segensreich wäre eine Kombination einer Reihe von Testen mit gesicherter Sensitivität und Spezifität im Sinne eines Rasters, mit dessen Hilfe oft wiederholbare, ökonomisch und phsysisch tragbare Filteruntersuchungen bei Risikopopulationen durchgeführt werden können. So hatte zum Beispiel FRANCHIMOND (4) gezeigt, daß mit einem Set von 5 Tumormarkern (CEA, Alpha-Fetoprotein, HCG, Beta-HCG, Kappa-Casein) in 69 % aller weiblichen Probanden <u>mit</u> Mammacarcinom mindestens ein Tumormarker erhöht war, wohingegen bei den weiblichen Probanden mit gutartigen Mammaerkrankungen nur 5,5 % mindestens einen erhöhten Tumormarker aufwiesen.

Es wird sich noch herausstellen müssen, welche der hier aufgeführten Tests für welches Raster für welche Tumorerkrankung sinnvoll und geeignet sein werden. Dies herauszuarbeiten ist sicher neben der Neuentwicklung weiterer Tests eine unserer wichtigsten Aufgaben.

LITERATUR:

1. Bauer, H.-W., Ax. W.:
    Detection of senzitized human blood lymphocytes agglutination
    with basic peptides: a possible test for malignant disease.
    Brit. J. Cancer 36: 708 - 712 (1977)

2. Cercek, L.; B. Cercek:
    Appllication of the Penomenon of Changes in the structuredness
    of cytoplasmatic Matrix SCM in the Diagnosis of Malignant
    disorders: a Review. Europ. J. Cancer Vol 13: 903 - 915 (1977)

3. Fisher, G.L., M. Shifrine:
    Hypothesis for the Mechanism of Elevated Serum Copper in Cancer
    Patients.
    Oncology 35: 22-25 (1978)

4. Franchimont, P. et al.:
    Simultaneous Assays of Cancer associated Antigens in Benign and
     Malignant Breast Diseases. Cancer 39: 2806-2812 (1977)

5. Field, E.J.; E.A. Caspary, K.S. Smith:
    Macrophage electrophoretic mobility (MEM) test in cancer: a
    critical evaluation.
    Brit. J. Cancer, 28, suppl. 1: 208 (1973)

6. Hyland, G.:
    Leucemia - associated Antigens: a review of methods of detec-
    tion and characterisation.
    Medical Laboratory Sciences 35: 137-145 (1978)

7. Höffken, K.; I. Meredith, et al.:
Circulating immune complexes in patients with breast cancer.
Brit. Med. J. 2: 220-223 (1977)

8. Jahn, R.S.; R. Gamlino:
Beyound Normality: the Predictive Value and Efficiency of
Medical Diagnosis.
Wiley Biomedical Publication (1978)

9. Jänne, J.; H. Pösö; A. Raina:
Polyamines in Rapid Growth of Cancer.
Biochemica et Biophysica Acta, 473: 241-293 (1978)

10. Kessel, D.; J. Allen:
Elevated Plasma Sialyltransferase in the Cancer Patient.
Cancer res. 35: 670-672 (1975)

11. Lamerz, R., A. Fateh-Moghadam:
Carcinofetale Antigene.
Klin. Wschr. 53: 147-169, 193-203, 403-417 (1975)

12. Leon, S.A.; B. Shapiro, et al.:
Free DNA in the Serum of Cancer Patients and the effect of
Therapy.
Cancer Res. 37: 646-650 (1977)

13. Leveson, S.H., et al.:
Leucocyte Adherence Inhibition: An Automated Microassay demon-
strating specific Antigen Recognition an Blocking Activity in
the murine Systems.
J. Immunol. Methods, 17: 153-162 (1977)

14. Myers, W.P.L.:
Hypercalcemia associated with Malignant diseases.
In: Endocrine and Neuroendocrine Hormone Producing Tumors:
147-172 (1975)

15. Osten, W.:
Krebsdiagnostik durch das Laboratorium.
Med. Lab. 23: 221 (1970)

16. Porszoldt, F.; Ch. Tautz; W. Ax:
Electrophoretic mobility test: Modifications to simplify the
detection of malignant diseases in man.
Behring Inst. Mitt. Nr. 57: 128-136 (1975)

17. Pritchard, J.A.V. et al.:
The MEM-Test - An Investigation of its Value as a Routine
Laboratory Test in the Detection of Malignant disease.
Annals of Clinical Research 10: 71-74 (1978)

18. Rosenberg, I. et al.:
Distinct Glycolysation of Serum Proteins in Patients with Cancer
J. Natl. Cancer Inst. 60/61: 89-92 (1978)

19. Scardino, P.T., et al.:
The value of serum tumor markers in the staging and prognosis
of germ cell tumors of the testis.
The Journal of Urology. Vol 118: 994-999 (1977)

20. Schmoll, H.-J., et al.:
Alpha-Fetoprotein, Beta-HCG, Oestron in testicular tumors: diagnosis of tumor activity by serum markers.
in press.

21. Skipper, H.E., Schabel, F.M.:
Quantitative and Cytokinetik studies in experimental tumor
models.
In: Holland, J.F.; Frei, E. III (Eds): Cancer Medicine.
Philadelphia (1973), 629

22. Zelig, E.E.O. Stanley, et al.:
Ferritin, a Hodgkin's Disease Associated Antigen.
Proc. Nat. Aced. Sci., Vol 71, No. 10: 3956-3960 (1974)

DIE STELLUNG METHODISCHER SELEKTIONSMECHANISMEN UND DER BIOLOGISCHEN
DIGNITÄT PRÄINVASIVER KARZINOME BEI DER AUSWERTUNG DER ÜBERLEBENS-
RATEN DES FRÜHERKANNTEN UND FRÜHBEHANDELTEN BRUSTDRÜSENKREBSES.

J. Gutsch,   R. Burkhardt,   G. Kienle*

Die Durchführung von Screening-Untersuchungen beinhaltet komplexe
Fehlermöglichkeiten, die in ihrer Planung und Auswertung zu berücksichtigen sind:

1. Fehlende Kenntnis von Sensibilitäten und Spezifitäten

2. Unkenntnis der biologischen Dignität der Bezugsstrukturen der
   Sensibilität

3. Fragliche Zugehörigkeit prämaligner Strukturen wie Carcinoma lobulare in situ (CLIS) und Carcinoma intraductale in situ (CIS) zur
   Diagnose: Karzinom

4. Systematische Selektion langsam wachsender Karzinome durch
   Screening (length-biased-sampling).

Sensibilität und Spezifität

a) Sie sind für verschiedene diagnostische Merkmale unterschiedlich.
   Die Merkmale zeigen fließende Übergänge von Gesund zu Mastopathie-
   typ I, II und III bzw. CIS, minimal invasives und invasives Karzinom (1), (2). Je fortgeschrittener der Tumor, desto höher die
   Sensibilität, z.B. der Mammographie. Sie nähert sich 100 % bei
   klinisch eindeutigen Fällen (3). Je kleiner die Läsion, desto
   häufiger falsch-negative Mammogramme (4). Snyder (1) bzw. Hutter
   (4) diagnostizieren bei 35 bzw. 87 Mammae mit histologisch gesicherten CLIS dasselbe zu 54,3 bzw. 42,5 %. Palpatorisch werden 50 bzw.
   nur 4,6 % erfaßt (s.a. (5)). Die tatsächliche Prävalenz der in
   situ Läsionen in einer Screening-Population ist unbekannt. Die
   hier angegebene Sensibilität bezieht sich jeweils nur auf die
   klinisch und/oder mammographisch auffindbaren in situ Läsionen,
   nicht auf die Häufigkeit derselben in einer Normalpopulation.

b) Die Diskriminationsfähigkeit schwankt von Methode zu Methode,
   bzw. es werden unterschiedliche diagnostische Strukturen einbe-

zogen (2), (6), (7), (8) und (9). Für das CLIS und CIS ist der
Mikrokalk "die häufigste Veränderung im mammographischen Bild
überhaupt" (5). Sie beläuft sich auf ca. 50 % bis 75 % (4), (5).

c) Je nach Vorerfahrung des diagnostischen Teams fällt Sensibilität
und Spezifität z.B. der Mammographie unterschiedlich aus (10).

Zur Bestätigung der (Verdachts-) Diagnosen wird eine gezielte Biopsie
und histologische Auswertung vorgenommen. Sensibilität und Spezifität
beider Schritte der Gegenkontrolle sind unbekannt. Für die histologische Diagnose schätzt Ober (11) anhand der Erfahrungen, "die ein weit
über Bayern hinausgehendes Einzugsgebiet umfassen" ..."daß in Deutschland mindestens 10 von 100 Karzinomdiagnosen an der Mamma gutartige
Befunde betreffen". Bei Überprüfung der Krebsdiagnosen eines schwedi-
schen Krebsregisters von Frauen unter 30 Jahren*sich sogar 17,6 % nachträglich als gutartige Läsionen (12). Bei unbekannter Genauigkeit der
Gegenkontrolle ist auch die Bestimmung der Genauigkeit einer Screening-
methode in Frage gestellt. Würde sie dennoch versucht, bezöge sie sich
- da das Kontrollkollektiv eine Auswahl darstellt - nur auf das Kollektiv mit abnormen Brustdrüsenbefunden, die bioptisch und histologisch
für maligne (Sensibilität) bzw. benigne (Spezifität) befunden worden
wären, und nicht auf die zu untersuchende Population.

Biologische Dignität der Bezugsstrukturen

Vom CLIS und CIS abgesehen, die unter dem nächsten Punkt behandelt
werden, ist die Leitstruktur 'Mikrokalk' auf ihren Selektionswert
bezüglich der Aggressivität des klinischen Verlaufs zu untersuchen.
Besonders häufig tritt er bei prä- und invasiven intraduktalen Karzinomen als Ausdruck einer regressiven Veränderung auf (13).

Dignität des CLIS und CIS

Bei zunehmender Empfindlichkeit der Massenreihenuntersuchung (MRU)
werden häufiger Borderline-Atypien, CLIS und CIS diagnostiziert.
Letztere betragen bis 44 % der entdeckten Karzinome (14), während

* ergaben

sie in den nichtselektionierten Analysen mit 1,8 % (15); 1,5 % (16)
bzw. 3,8 % (17) betragen.

Obschon namhafte Pathologen wie Hamperl (18), Bässler (19), Grundmann (20) und Haagensen (17) das CLIS als Präkanzerose fakultativer
Art bzw. lobuläre Neoplasie bezeichnen, wird diese Epitheliose in der
"INTERNATIONALEN HISTOLOGISCHEN KLASSIFIKATION VON TUMOREN NR. II"
der WHO von 1968 (21) unter "Carcinoma" eingestuft.

Mehrere Untersuchungen zeigen, daß das CLIS nicht als Karzinom bewertet werden kann. Aus Tab. 1 läßt sich nach einer mittleren Beobach-
tungszeit von 13   Jahren eine Entartungsrate von ca. 20 % errechnen,
(in grober Annäherung, da detaillierte Daten fehlen). Diese invasive
Entartung ereignet sich im Mittel 10 Jahre nach Diagnose des CLIS.
Die Überlebensraten im Beobachtungszeitraum liegen zwischen 93 und
100 % (22), (23), (15), (24). Die Diagnose CLIS wurde in einem mittleren Alter von 45 Jahren gestellt. Die aktuarisch berechneten kumulativen Entartungsraten werden mit 35 % nach 20 Jahren angegeben (22).
Sie basieren auf kleinen Zahlen und haben einen hohen Streuungsbereich.
Eine 45-jährige Patientin hat eine mittlere Lebenserwartung von 27
Jahren (s. statistisches Jahrbuch 1973)(25).

Damit erleben also mehr als 50 % der CLIS-Trägerinnen nicht den Zeitpunkt der invasiven Entartung ihrer atypischen Epitheliose. Zirka 1/5
aller asymptomatischen Screening-Tumoren sind also falsch-positiv
unter 'Karzinom' eingestuft und gehen als solche in die Verbesserung
der Überlebensraten der Screening-Kollektive ein. Anders liegen die
Verhältnisse beim invasiven lobulären Karzinom, das bereits eine
aggressivere Krankheitseinheit darstellt (26).

Die breite Variation der ipsilateralen Infiltrationsrate der CLIS
in Tab. 1 weist auf unterschiedliche Strukturen der Populationen
hin, denen die retrospektiven Daten entnommen worden sind.

Demzufolge sind auch die hochgerechneten kumulativen Entartungsraten
unsicher. Über den Malignitätsgrad dieser entarteten CLIS ist seither
nichts bekannt.

Autor Jahr	Harvey 1978 (44)	Rosen 1977 (45)	Wheeler 1974 (15)	Andersen 1977 (16)	Hutter 1969 (24)	Mc Divitt 1967 (22)
n Pat. mit CLIS	7	91	25	44	40	40
n Pat. untersucht	807*	6000[+]	4898	3299	?	?
Alter mittel/Jahre	45**	?	43,9	46	?	44,3
Beobachtungszeitr. mittel/J.	7,2	13	17,5	15,7	?	10,5
Ipsilateral infiltrierendes	1/7	12/91	1/25	9/44	9/40	9/40
Ca. (Rate %)	(14,3)	(13,2)	(4)	(20,4)	(22,5)	(22,5)
Kontralateral infiltrierendes	0/0	11/91	?	4/44	4/46[++]	7/47
Ca. (Rate %)	0	(12)	?	(9,1)	(8,7)	(14,9)
Entwicklungsdauer ips. Ca. mittel/Jahre	7	13	11	9,5	?	9,3
Todesursache: Ca.	?	6/91	0/0	?	2/40	2/40
(Rate %)	?	(6,6)	(0)	?	(5)	(5)

* Es wurden nur Präparate der Diagnose: "Fibrocystic disease" untersucht.

** Medianwert; + hier 6000 Biopsien, nicht Patienten; ++ 6 Patienten – nach Diagnose CLIS ipsilateral mastektomiert – sind zusätzlich enthalten.

Tabelle 1

Verlaufstudien an unbehandelten Fallserien mit alleinigem CLIS in der Biopsie.
Fälle mit Karzinomen vor Diagnose des CLIS sind nicht enthalten.

Systematische Selektion durch MRU

Eine in festen Zeitabständen wiederholte MRU erfaßt mit größerer
Wahrscheinlichkeit langsamer wachsende Karzinome. Je aggressiver
und schneller ein Tumor wächst, desto häufiger tritt er zwischen
2 Screening-Terminen als Intervall Tumor (IT) auf. Dies führt zu
einem sog."length-biased-sampling" (27). Dieser Umstand wurde auch
in dem "Breast Cancer Detection Demonstration Project" (BCDDP)
(zit. nach Richter (28)) und von Patchefsky (29) beobachtet. Dies
wirkt sich aus auf:

a) die Häufigkeitsverteilung histologischer Typen

b) die Verteilung der Entdifferenzierungsgrade

c) die Malignität der Intervalltumoren

d) die Wachstumsgeschwindigkeit

e) das Verhalten von Inzidenz zur Mortalität des Mammakarzinoms.

ad a): Unter 17.526 asymptomatischen Screening-Probandinnen wurden
156 Karzinome entdeckt (29). 21,5 % davon waren minimal invasive und
tubuläre Gangkarzinome, 14,8 % in situ-Karzinome. Die Rate axillär
befallener Lymphknoten betrug 0 %. Allein die gut differenzierten
und tubulären Karzinome betrugen hier 9,4 %, während sie in Nichtscreening-Kollektiven mit 1 bis 2 % (30) angegeben werden. Die Inzidenz der o.g. Karzinomformen ist in den Altersklassen 45 bis 49 Jahre
relativ konstant. Unter den 60- bis 64-jährigen Frauen treten häufiger die vollinvasiven Karzinome auf. Möglicherweise folgt hieraus
eine Latenzzeit der minimal-invasiven und tubulären Karzinome von
15 Jahren, wenn man eine progressive Weiterentwicklung derselben
voraussetzt (29).
Unter den 1.441 Patientinnen, die zur Abklärung bestehender Symptome
der Brust mammographiert worden sind, fanden sich 6,2 % Karzinome,
die zu 7,8 % okkult waren (31). Bei 3.470 asymptomatischen Patientinnen des gleichen Autors - in gleicher Weise untersucht - fanden
sich 1,32 % Karzinome, von denen jedoch 19,5 % okkult waren.
Patchefsky (29) zieht aus der relativen Häufung der gut differenzierten tubulären Karzinome den Schluß, daß es sich um ein

"selektives Auffinden dieser low-grade-Tumoren durch das Screening"
handeln kann.

ad b): Nur eine MRU-Studie führt Entdifferenzierungsgrade ihrer
Screening-Tumoren auf (29). Die gut differenzierten tubulären Karzinome betragen 9,4% gegenüber Nichtscreening-Kollektiven von 1 bis
2 % (30). Unter 611 Patientinnen mit tubulärem Karzinom betrug die
15-Jahres-Überlebensrate 100 % bei gut differenzierten Gewebsbildern
gegenüber stärker entdifferenzierten Karzinomen gleichen Typs von
68,4 %. Die Symptomdauern betragen für die besser differenzierten
Karzinome 11, für die weniger gut differenzierten 6 Monate (30).

ad c): Trotz einheitlicher Therapie, z.B. radikale Mastektomie, ist
die Mortalität der IT höher als die der Screening-Tumoren. In der
HIP-Studie (7) sind sie mit 46 % zu einem höheren Prozentsatz als die
Kontrollgruppe (mit 42,3 %) bereits axillär metastasiert. Die Rate
der befallenen Lymphknoten der im Screening entdeckten Tumoren
beträgt 22,7, die der nur mammographisch diagnostizierten 16 %.
Nach 5 Jahren liegt entsprechend die Mortalitätsrate der IT bei 39 %
(Kontrolle 42 %), hingegen für die 'nur durch Screening entdeckten'
bei 17 % und für die 'nur mammographisch diagnostizierten' Tumoren
bei 2,3 %. Ein Screening mit Selbstuntersuchung (SU) und ärztlicher
Untersuchung (ÄU) weist für deren IT ein signifikant höheres Stadium
bei Diagnose und eine geringere Lebenserwartung auf (32). Der Lymphknotenbefall zeigte eine steigende Tendenz mit höchsten Raten für
die IT ohne Signifikanz: SU = 32,7 %, ÄU = 35,7 %, IT = 41,1 % (32).
Aus a) bis c) folgt eine deutliche Selektion von histologischen
Typen günstiger Prognose, von schwachen Entdifferenzierungsgraden
und solcher Tumoren, die bei geringerer Disseminationstendenz in die
axillären Lymphknoten mit einer niedrigeren Mortalitätsrate einher-
gehen. Besonders die Aufspaltung der Screening-Gruppe in Screening-
und Intervalltumoren unterschiedlicher Prognose ist eine klare Folge
der Selektion.

ad d): Aus Abbildung 1 wird ersichtlich, daß rascher wachsende Tumoren häufiger als IT auftreten. Da die Tumorverdoppelungszeit t_d ein Maß für die biologische Aggressivität darstellt (33), (34), ist die schlechte Prognose der IT nicht verwunderlich. Die t_d betrug z.B. bei 8 Primärtumoren (PT) mit axillärem Lymphknotenbefall 85 Tage, während 10 PT ohne axillären Befall t_d = 128 Tage aufwiesen (33). Unter Einbeziehung der t_d hat Slack (35) ein mathematisches Modell erarbeitet, das eine Zuordnung der Verläufe in zwei Krankheitstypen A und B erlaubt. Typ A (ca. 20 % aller Karzinome) ist charakterisiert durch eine halb so große t_d, ein acht- bis neunmal höheres Risikofür Lymphknotenbefall und ein- bis zweimal höheres Risiko für Fernmetastasierung. In Abb. 1 ist die Wahl der t_d für Typ A und B willkürlich getroffen. Wenn Typ A und B zur gleichen Zeit die Schwelle der mammographischen Diagnostizierbarkeit erreichen, so ist zu jedem darauf folgenden Diagnosezeitpunkt bzw. chirurgischen Eingriff der PT-Durchmesser des schneller wachsenden größer als der des langsamer wachsenden. Bekanntlich ist der axilläre Befall proportional dem Tumordurchmesser (36). Aus unserer Überlegung und Abb. 1 wird deutlich, daß gerade langsamerwachsende Tumoren auch mit geringerem Durchmesser häufiger entdeckt werden, so daß hier die Lymphknotenmetastasenrate gleichzeitig Ausdruck der biologischen Malignität sein kann. Ein Screening in jährlichem Abstand würde den Tumor Typ A mit einer t_d = 35d zu 50 % erfassen, da er in ca. 182 Tagen von der Größe der mammographischen Diagnostizierbarkeit (3 mm) bis zur Schwelle der klinischen Diagnostizierbarkeit (10 mm) heranwächst. Tumoren mit einer $t_d \lesseqgtr$ 75d werden jedoch zu 100 % mittels der empfindlicheren Methode erfaßt, da sie die beiden Schwellen ihrer Diagnostizierbarkeit in $\lesseqgtr$ 1 Jahr durchlaufen.
Die Wachstumsmessung an 199 klinisch entdeckten Mammakarzinomen (37) ergibt eine mittlere t_d von 132 Tagen. Für in wiederholten Mammogrammen entdeckten Tumoren beträgt die mittlere t_d 251 Tage (38), (39), (40), (41), (33) (s. Abbildung 1 und Tabelle 2).

Die in dem klinischen Kollektiv (37) enthaltenen, langsamer wachsenden PT würde eine MRU abfangen und deren günstige Prognose als

Autor Jahr	Fournier 1976 (38)	Heber 1976(39)	Lund-green 1977(41)	Herma-nutz 1975 (40)	Gershon-Cohen 1963 (33)	Total	Mittel des Kollektivs	Kusama* 1972 (37)
Anzahl Pat.	53	16	78	16	18	181		199
Mittl. t_d in Tagen	319	361	207	122	115	1305	251	132
Mediane t_d in Tagen	245	218	178	128	120	889	175	107

*Verdopplungszeit von Primärtumoren eines nicht mammographisch, sondern klinisch diagnostizierten Kollektivs

Tabelle 2

Verdopplungszeiten t_d bei Primärtumoren von mammographisch entdeckten Tumoren; t_d mammographisch bestimmt.

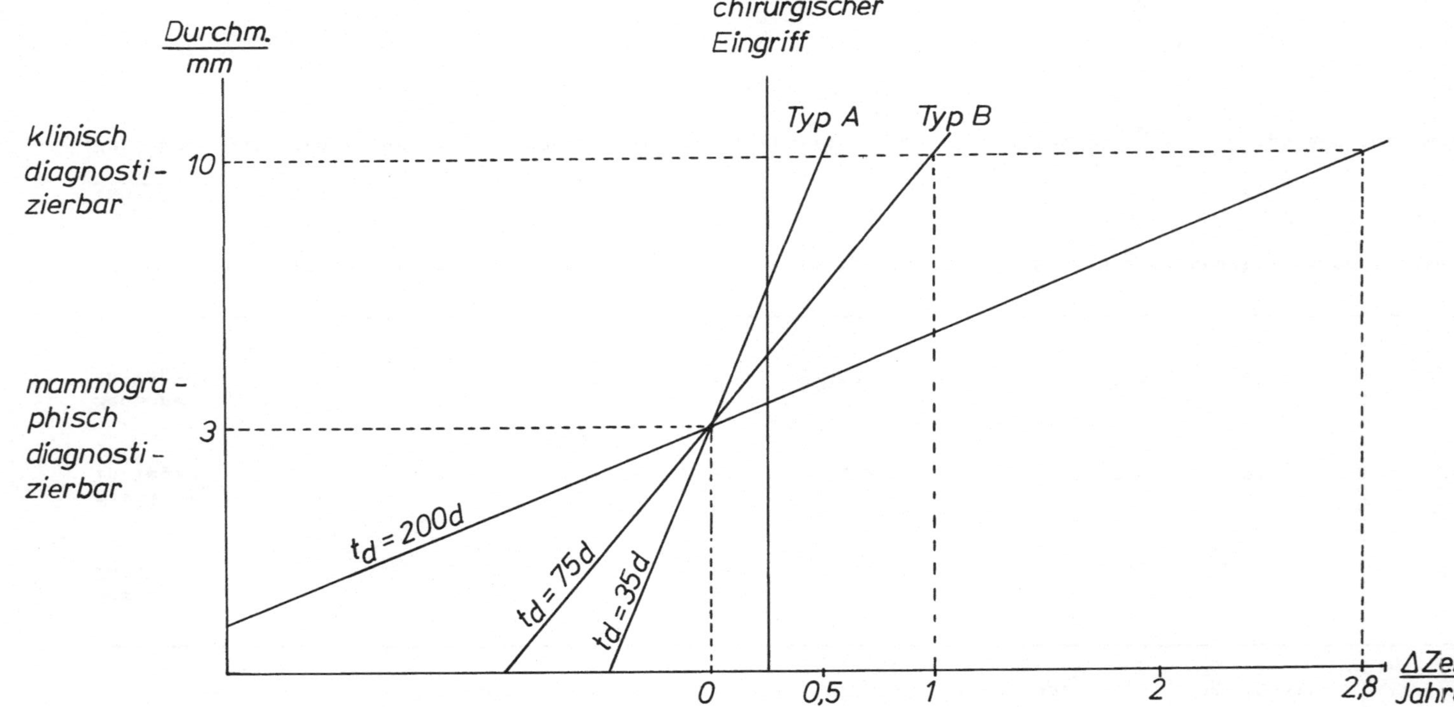

Abb. 1

Logarithmische Darstellung der Wachstumsverläufe anhand drei beispielhaft gewählter Tumorverdopplungs-zeiten t_d = 35d, 75d und 200d. Die Tumoren erreichen die Schwelle der mammographischen Diagnostizier-barkeit zum Zeitpunkt t = 0 (s. Text). Die Schwelle der klinischen Diagnostizierbarkeit erreichen sie unterschiedlich schnell: Typ A in 1/2, Typ B in 1 Jahr. (Siehe auch Text).

Effekt der Frühbehandlung ausgelegt haben.

ad e): Sowohl die von Jahrzehnt zu Jahrzehnt um ca. 10 % angestiegene 5-Jahres-Überlebensrate bei Brustkrebs als auch die seit den Fünfzigern in den USA und seit den Siebzigern in der BRD breiter angewandten MRU müßten sich in einer deutlichen Senkung der Mortalitätsrate niederschlagen (42). Tatsächlich wird eine weitgehend konstante Mortalitätsrate zwischen 1937 und 1971 in den USA bei gleichbleibender bzw. gering ansteigender Inzidenz beobachtet (43). Epidemiologische Studien sind seither außerstande, die Erfolge der konventionellen Therapien einschließlich Frühoperation in der Mortalitätsrate wieder aufzufinden. Die gering gestiegene Inzidenz (43) ist durch die Einbeziehung der präinvasiven Epithelatypien unter die Diagnose 'Karzinom' erklärbar. Die zunehmenden Überlebensraten korrelieren direkt mit der Verschiebung zu früheren Stadien (42). Das Gleichbleiben der Krebsmortalität, das Ansteigen der Karzinominzidenz und das Ansteigen der Erfolgsraten der Krebstherapie lassen die Frage entstehen, ob diese scheinbaren Therapieerfolge nicht letztlich nur Auslesefehler sind.

Wir haben bisher keine therapeutische Studie gefunden, welche die von uns eingewandten Bedenken bei der Interpretation ihres Ergebnisses berücksichtigt hätte. Dagegen ließ sich regelmäßig die Wirksamkeit von Auslesefaktoren bestätigen. Bevor eine statistische Analyse der Überlebensraten nach Früherkennung und Frühtherapie durchgeführt werden kann, muß abgeschätzt werden, in welchem Ausmaß daran "Screening-Kranke", d.h. klinisch benigne Verläufe und gutartigere Erkrankungen beteiligt sind. Die Prognosekriterien müssen von vornherein erhoben werden, da nachträglich die Suche nach den Gründen des Bias oft nicht mehr möglich und damit eine Beurteilung hinfällig ist.

Anschrift der Verfasser:
J. Gutsch, Arzt am GaW Institut für klinische Pharmakologie am Gemeinschaftskrankenhaus Herdecke, Beckweg 4, 5804 Herdecke

R. Burkhardt, Statistiker am GaW Institut für klinische Pharmakologie am Gemeinschaftskrankenhaus Herdecke, Beckweg 4, 5804 Herdecke

Priv.-Doz. Dr. med. G. Kienle, Leiter des Institutes für klinische Pharmakologie am Gemeinschaftskrankenhaus Herdecke

(Diese Untersuchung wurde gefördert vom Ministerium für Jugend, Familie und Gesundheit).

Literaturverzeichnis

(1) Snyder, R.E.: Mammography and lobular carcinoma in situ.
      Surg.Gynecol.Obstetr. 122 (1966) 255-260
(2) Wolfe, J.N.: Die Xeroradiographie der Mamma, in: Krebsbekämp-
      fung, Bd. 1, Ed.: E. Grundmann, L. Beck.
      Gustav Fischer Verlag, Stuttgart-New York 1978, pp 141-51
(3) Friedman, A.K., S.J. Askowitz et al.: A cooperative evaluation
      of mammography in seven teaching hospitals.
      Radiol., 86 (1966) 886-91
(4) Hutter, R.V.P., R.E. Synder et al.: Clinical and pathological
      correlation with mammographic findings in lobular carcinoma
      in situ. Cancer, 23 (1969) 826-39
(5) Heidenreich, W., Bockslaff H. et al.: Die Diagnostik des
      Mammakarzinoms. Fortschr.Med., 94 (1976) 745-49
(6) Kossoff, G. et al.: Ultraschall bei der Aufdeckung des Mamma-
      Frühcarcinoms, in: Krebsbekämpfung, Bd. 1, Ed.: E. Grundmann,
      L. Beck. Gustav Fischer Verlag, Stuttgart-New York 1978, pp153ff.
(7) Shapiro, S., P. Strax et al.: Changes in 5-year breast cancer
      screening program. Proc. of the 7th National Cancer Conference,
      Los Angeles, Calif., Sept. 27-29, 1972.
      Lippincott, Philadelphia-Toronto 1973, pp 663-78
(8) Letton, A.H. et al.: The care of the patient with minimal breast
      cancer. Am. Surg., 44 (1978 b) 541-47
(9) Lagios, M.J.: Multicentricity of breast carcinoma demonstrated
      by routine correlated serial subgross and radiographic examin-
      ation. Cancer, 40 (1977) 1726-34
(10) Egan, R.L. et al.: Conventional mammography, physical examin-
      ation, thermography and xeroradiography in the detection of
      breast cancer. Cancer, 39 (1977) 1984-92
(11) Ober, K.G.: Schreiben an den Autor vom 24.4.1978
(12) Wallgren, A. et al.: Carcinoma of the breast in women under
      30 years of age. Cancer, 40 (1977) 916-23
(13) Hamperl, H.: Beiträge zur pathologischen Histologie der Mamma.
      Geburtsh. u. Frauenheilk., 1 (1972) 28-31
(14) Letton, A.H. et al.: The value of breast screening in women
      less than fifty years of age. Cancer, 40 (1977) 1-3
(15) Wheeler, J.E. et al.: Lobular carcinoma in situ of the breast.
      Long-term followup. Cancer, 34 (1974) 554-63
(16) Anderson, J.A.: Lobular carcinoma in situ. A long-term follow-
      up in 52 cases. Acta path.microbiol.scand. Sect. A 82,1974
      519-533
(17) Haagensen, C.D. et al.: Lobular neoplasia (so-called lobular
      carcinoma in situ) of the breast. Cancer, 42 (1978) 737-69
(18) Hamperl, H.: Zur Kenntnis des sog. Carcinoma lobulare in situ
      der Mamma. Z. Krebsforsch., 77 (1972) 231-246
(19) Bässler, R.: Zur Definition und Dignität des Carcinoma in situ
      der Brustdrüse. Österr. Z.Onkol., 2 (1975) 125-36
(20) Grundmann, E.: Histopathologie früher neoplastischer Verände-
      rungen. Referat Deutsch. Krebskongreß Wiesbaden/Mainz 1978
(21) Scarff, R.W. u. H. Torloni: Histological typing of breast
      tumours. International Histological Classification of Tumours,
      No. 2, WHO, Geneva 1968

(22) McDivitt, R.W. et al.: In situ lobular carcinoma. A prospective
      follow-up study indicating cumulative patient risk.
      J.A.M.A., 201 (1967) 96-100
(23) Andersen, J.A.: Lobular carcinoma in situ of the breast.
      Cancer, 39 (1977) 2597-2602
(24) Hutter, R.V.P. u. F.W. Foote jr.: Lobular carcinoma in situ.
      Long-term follow-up. Cancer, 24 (1969 b) 1081-85
(25) Statistisches Jahrbuch für die Bundesrepublik Deutschland,
      Statistisches Bundesamt Wiesbaden, W. Kohlhammer Verlag,
      Stuttgart-Mainz 1973
(26) Newman, W.: Lobular carcinoma of the female breast.
      Ann.Surg., 164 (1966) 305-14
(27) Rozencweig, M. et al.: Waiting for a bus: Does it explain age-
      dependent differences in response to chemotherapy of early
      breast cancer? New Engl.J.Med., 299 (1978) 1363-64
(28) Richter, B.: Zur Effizienz mammographischer Reihenuntersuchungen.
      Fortschr. Röntgenstr., 129 (1978) 494-500
(29) Patchefsky, A.S. et al.: The pathology of breast cancer detec-
      ted by mass population screening. Cancer, 40 (1977) 1659-70
(30) Cooper, H.S. et al.: Tubular carcinoma of the breast.
      Cancer, 42 (1978) 2334-42
(31) Dowdy, A.H. et al.: Mammography as a screening method for the
      examination of large populations. Cancer, 28 (1971) 1558-62
(32) Greenwald, P. et al.: Estimated effect of breast self-examin-
      ation and routine physician examination on breast cancer
      mortality. New Engl.J.Med., 299 (1978) 271-73
(33) Gershon-Cohen, J.: Roentgenography of breast cancer moderating
      concept of "biologic predeterminism". Cancer, 16 (1963) 961-64
(34) Philippe, E. und Y. Le Gal: Growth of 78 recurrent mammary
      cancers. Cancer, 21 (1968) 461-467
(35) Slack, N.H. et al.: Therapeutic implications from a mathema-
      tical model characterizing the course of breast cancer.*
(36) Zippel, H.H. und P. Citoler: Häufigkeit des lokal begrenzten
      Wachstums von Mammakarzinomen. DMW, 101 (1976) 484-86
(37) Kusama, S. et al.: The gross rates of growth of human mammary
      carcinoma. Cancer, 30 (1972) 594-99
(38) Fournier, D.V. et al.: Wachstumsgeschwindigkeit des Mammakarzi-
      noms und röntgenologische "Frühdiagnosen".
      Strahlenth., 151 (1976) 318-32
(39) Heber, R. und S. Edward: Mammographische Beobachtungen über
      den Verlauf des unbehandelten Mammakarzinoms.
      Röntgen-Bl. 29 (1976) 76-83
(40) Hermanutz, K.D. et al.: Die Diagnose des Mammakarzinoms unter
      dem Aspekt der Wachstumsrate. Fortschr. Röntgenstr. 123 (1975)
      162-167
(41) Lundgren, B.: Observations in growth rate of breast carcinomas
      and its possible implications for lead time.
      Cancer, 40 (1977) 1722-25
(42) Kammer, G. und K.W. Brunner: Neue Aspekte der kurativen Behand-
      lung des Mammakarzinoms. Schweiz.Med.Wschr., 102 (1972) 1646-53
(43) Cutler, S.J. et al.: The magnitude of breast cancer problem.
      Recent Res. Ca. Research, 57 (1976) 1-9

*Cancer 24 (1969) 960-71

(44) Harvey, D.G. und R.E. Fechner: Atypical lobular and papillary
      lesions of the breast: a follow-up study of 30 cases.
      South.Med.J., 71 (1978) 361-64
(45) Rosen, P.P. und P.H. Liebermann: Lobular carcinoma in situ.
      Preliminary results of a long-term follow-up study, in:
      Early diagnosis of breast cancer, Ed.: E. Grundmann, L. Beck.
      Cancer Campaign Vol. 1, Gustav Fischer Verlag 1978, 119-128

H. Zock,   B. Bockmühl

METHODISCHE PROBLEME BEI DER DATENSPEICHERUNG UND AUSWERTUNG VON ZYTOLOGISCHEN KREBSFRÜHERKENNUNGSUNTERSUCHUNGEN IN DER GYNÄKOLOGIE. (FORSCHUNGSPROJEKT DVM 304)

1. Einführung:

Seit Beginn der gesetzlichen gynäkologischen Krebsfrüherkennungsuntersuchungen im Jahre 1971 wird in Zusammenarbeit des Instituts für Klinische Zytologie der TU München mit dem Institut für Medizinische Datenverarbeitung (IMD) der Gesellschaft für Strahlen- und Umweltforschung (GSF) das Projekt "Zytologische Datenerfassung in der Gynäkologie" durchgeführt.

Ziel dieses Projektes ist die Entwicklung und Implementierung eines personenorientierten Datenerfassungs- und Auskunftssystems für jährlich ca. 95.000 zytologische und histologische Befunde, eines Mahnsystems für angeforderte, jedoch nicht zeitgerecht eingetroffene Abstriche zur Abklärung eines vorangegangenen Befundes sowie die Beantwortkung statistischer, epidemiologischer Fragestellungen anhand des erhobenen Datenmaterials.

2. Datenbestand:

Im Januar 1979 waren aus dem Einzugsbereich Bayern EDV-mäßig erfaßt:

> 750.000 zytologische und
> 4.900 histologische Befunde
> von 301.500 Frauen,

was einem Anteil von ca. 10 % der in Bayern insgesamt durchgeführten gynäkologischen Krebsfrüherkennungsuntersuchungen entspricht. Der Anteil an Klinikbefunden beträgt in unserer Datei 13 %, während 87 % der Befunde auf sogenanntes Einsendematerial entfallen, das von 463 einsendenden Ärzten (Jahresdurchschnitt ca. 210) zur Befundung an das Institut für Klin. Zytologie eingesandt wurde.

Die Häufigkeit der Einsendungen pro Arzt und Jahr variiert von
1 bis zu 4500 Präparaten. Ordnet man die Ärzte nach der Häufigkeit ihrer Einsendungen, so ergibt sich, daß ca. die 30 % meisteinsendenden Ärzte 85 % sämtlicher Befunde liefern (Fig. 1), ein
Sachverhalt, der bei der Auswahl von Probandenkollektiven für
exakt definierte Ergänzungserhebungen von Interesse ist.

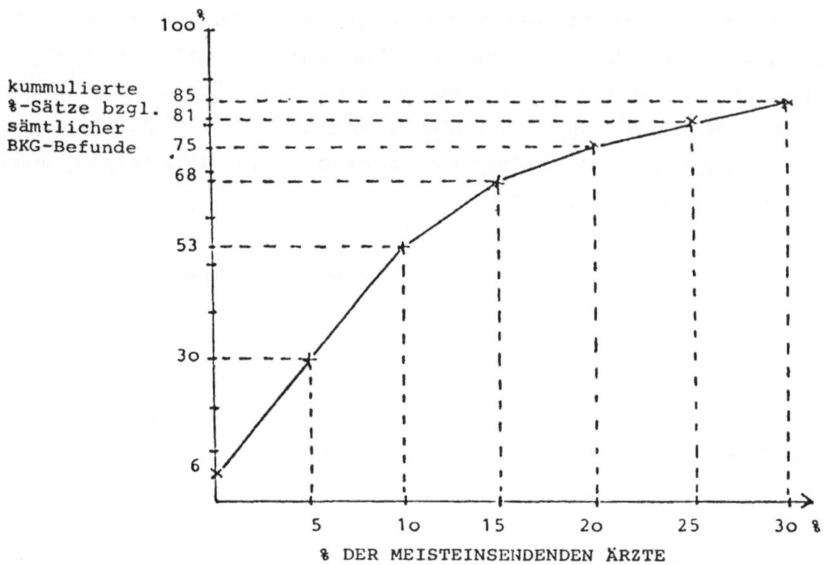

Fig. 1 - Prozentualer Anteil der von den meisteinsendenden
Ärzten stammenden Befunde bzgl. der Gesamtzahl
der BKG-Befunde für 1975

Die regionale Verteilung dieser 30 % der Einsendeärzte zeigt
Fig. 2 und man erkennt, daß sich der überwiegende Teil der Einsendungen aus dem südbayerischen Gebiet und hier insbesondere
aus dem Großraum München rekrutiert, so daß sich lokal sicherlich eine wesentlich günstigere Relation von dateimäßig erfaßten
Befunden zur Gesamtzahl sämtlicher gynäkologischer Krebsfrüherkennungsuntersuchungen als die o.g. 10 % ergibt. Damit entschärft
sich etwas die Frage nach der Repräsentativität der hier vor-
liegenden Datei.

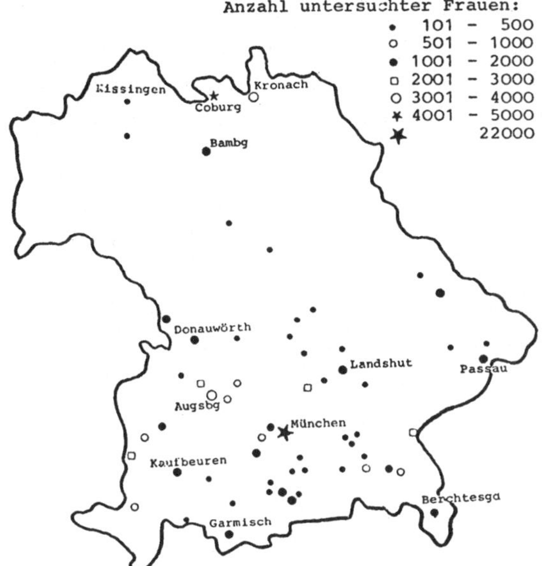

Fig. 2 - Regionale Verteilung der meisteinsendenden Ärzte
im Jahr 1976.

Einen Überblick über die Entwicklung der Anteile von Neuzugängen
(bzw. komplementär des Anteiles von Frauen mit Wiederholungsuntersuchungen) gibt Fig. 3. Dabei bedeutet "Neuzugang" das erstmalige Erfassen in unserer Datei und ist damit nicht notwendigerweise identisch mit der erstmaligen Durchführung einer Früherkennungsuntersuchung für die betreffende Frau, d.h. der Anteil
an Erstbefundungen ist geringer als derjenige der Neuzugänge.

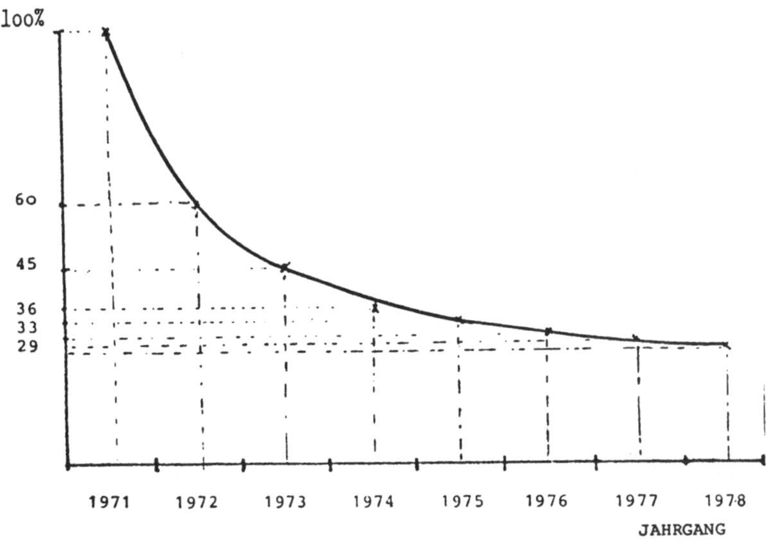

Fig. 3 - Prozentualer Anteil der Neuzugänge bzgl. der Gesamtzahl
der untersuchten Frauen.

Exakte Angaben zum Anteil der Erstbefundungen sind nicht möglich, da entsprechende Daten laut Formular "Krebsfrüherkennungsuntersuchungen" nicht erhoben werden. Dadurch werden Verlaufsanalysen und ihre Interpretation bzgl. der Cervix-Ca-Entwicklung in Abhängigkeit von Erst- bzw. Vorbefunden erschwert.

3. Methodische Probleme bei der Projektdurchführung

In Fig. 4 ist in globaler Weise der Daten- und Informationsfluß innerhalb dieser Projekte skizziert und es soll im folgenden anhand von Beispielen aus thematisch unterschiedlichen Bereichen (Datenerfassung, Semantik, Interpretation) über Probleme referiert werden, die in den einzelnen Schritten auftreten und die als typisch für Studien dieser Art und dieses Umfanges angesehen werden müssen.

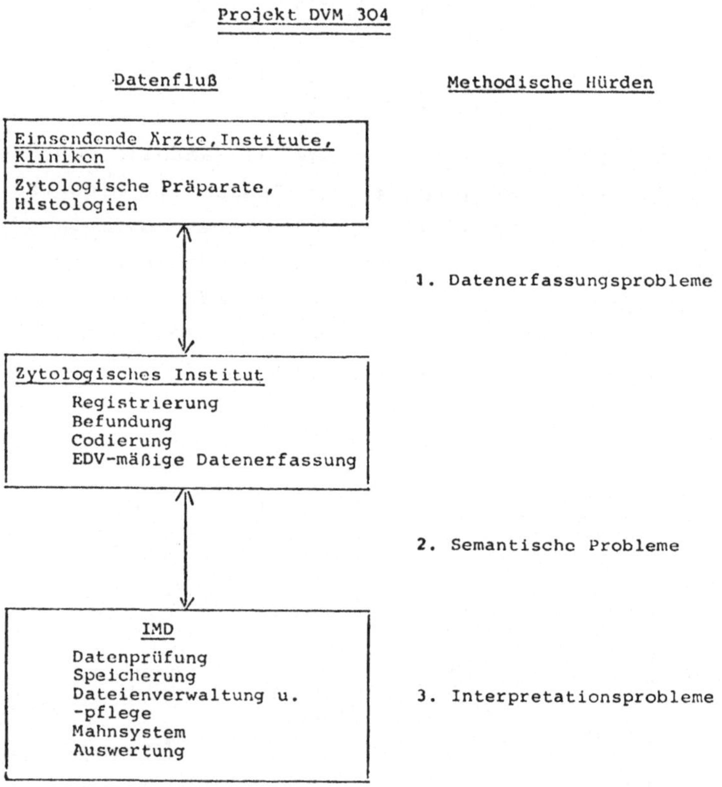

Projekt DVM 304

Datenfluß   Methodische Hürden

Einsendende Ärzte, Institute, Kliniken

Zytologische Präparate, Histologien

1. Datenerfassungsprobleme

Zytologisches Institut

Registrierung
Befundung
Codierung
EDV-mäßige Datenerfassung

2. Semantische Probleme

IMD

Datenprüfung
Speicherung
Dateienverwaltung u. -pflege
Mahnsystem
Auswertung

3. Interpretationsprobleme

Fig. 4

3.1 Datenerfassungsproblem

Es ist das wesentlichste Charakteristikum unserer Datei, daß sie personenorientiert aufgebaut ist, d.h. für jede erfaßte Frau existiert eine chronologisch geordnete Folge ihrer zytologischen u./o. histologischen Befunde. Bei der Erfassung eines neuen Befundes ist somit jeweils zu entscheiden, ob es sich bei der entsprechenden Probandin um einen Neuzugang handelt oder nicht. Da bislang keine eindeutige Identifikationsgröße (z.B. maschinenlesbare Personenkennziffer) verfügbar ist, müssen für dieses Zuordnungsproblem folgende Identifikationshilfsgrößen herangezogen werden:

    Name

    Vorname

    Geb.-Name

    Geb.-Datum

    Präparate-Nr. des Vorbefundes, falls dieser in unserer Datei erfaßt ist und falls diese auch vom Einsendearzt angegeben wird.

Da diese Angaben unvollständig bzw. mit Schreib-, Lesefehlern (insbesondere bei handschriftlichen Eintragungen) versehen sein können, müssen Personalangaben, die definierte Ähnlichkeitsbedingungen erfüllen, als potentiell identisch angesehen werden. Dies hat zur Folge, daß immer dann, wenn unter den bereits gespeicherten ähnliche Personalangaben festgestellt werden, die aktuelle Personaldateneingabe zur weiteren Klärung (z.B. Prüfung auf Lesefehler, Rückfrage bei Einsendearzt usw) unter Angabe der ähnlichen Fälle zurückgewiesen wird. Es ist evident, daß bei wachsendem Umfang der Personaldatei die Chance, in ihr ähnliche Personalangaben zu finden, bei konstantem Identifikationsverfahren ebenfalls wächst, d. h. der durchschnittliche prozentuale Anteil von Personaldaten, die bei der Ersteingabe nicht eindeutig zuzuordnen sind, steigt entsprechend (Fig. 5).

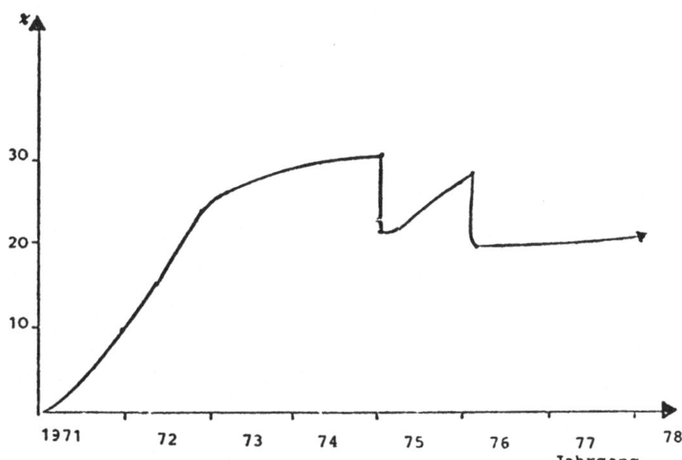

Fig. 5 - Prozentualer Anteil der bei der erstmaligen Eingabe der Identifikationsgrößen nicht eindeutig zuordenbaren Befunde bzgl. der Gesamtzahl der im entsprechenden Zeitabschnitt erfaßten Befunde.

Die sprungstellenartigen Rückgänge ergaben sich auf Grund von
Änderungen der Ähnlichkeitbedingungen (1975) bzw. durch den Über-
gang von Belegleseerfassung zur Bildschirmeingabe (1976). Derzeit
sind jährlich ca. 20.000 bei Ersteingabe zunächst nicht eindeutig
zuordenbare Personalangaben in einem unter Umständen mehrstufigem
Verfahren zu klären. Die daraus sich ergebende beachtliche Bindung
von man-power und DV-Kapazität ließe sich bei Einigung auf eine
eindeutige Personenkenngröße vermeiden.

3.2 Semantisches Problem

Ein wesentlicher Teil des Projektes DVM 304 ist neben der Bereitstellung eines Auskunftssystems bzgl. des Vorliegens von Vorbefunden die deskriptive und analytische statistische Auswertung
des erhobenen Datenmaterials anhand eines Fragenkataloges. Dieser
Fragenkatalog ist das Ergebnis von Diskussionen, in denen von
medizinisch/epidemiologischer Seite relevante Fragen formuliert
und diese von EDV-Seite bzgl. Programmierfähigkeit bzw. Programm-
anwendbarkeit präzisiert, sowie von statistischer Seite auf Grund
von Umfang und Inhalt der Datei als beantwortbar bzw. bearbeitbar
akzeptiert wurden.
An der Kommunikationsschnittstelle von Medizin einerseits und
EDV sowie Statistik andererseits traten und treten nun semantische
Probleme auf, die häufig in inhaltlich nicht konsistenter Benutzung von Begriffen begründet sind. Ein Beispiel soll dies er-
läutern.
In der Urfassung des Fragenkataloges waren u.a. folgende Formu-
lierungen zu finden:

     1. Wieviel <u>Befunde</u> wurden bei wieviel Frauen jähr-
        lich erstellt?

     2. Wie war die Verteilung der zytologischen <u>Befun-
        de</u> jährlich?

     3. Wie war die Verteilung der histologischen <u>Befun-
        de</u> jährlich?

Bei der Aufstellung des entsprechenden Auswertungsplanes zeigte
sich nun, daß dem in den obigen Fragen vorkommendem Begriff
"Befund" jeweils eine andere Bedeutung beizumessen war. So sollte
bei Frage 1 unter Befund "die Beurteilung eines einzelnen Präpa-
rates" im Sinne einer jährlichen Arbeitsstatistik verstanden

werden, bei Frage 2 "genau _eine_ Diagnose pro Frau und Jahr"(Jahr-
gangsbefund) und bei Frage 3 eine "histologisch abgeklärte Erkrankung", wobei pro Frau und Jahr auch mehrere Erkrankungen auftreten können. Alle 3 Definitionen haben verschiedene Zählalgo-
rithmen und damit unterschiedliche Häufigkeitsverteilungen zur
Folge.
Ein Blick auf Publikationen auch neueren Datums zeigt, daß das
angeführte Beispiel leider nicht als trivial angesehen werden
kann, da in den entsprechenden Arbeiten z.T. reine Arbeitssta-
tistiken im Sinne von Frage 1 - also mit der Möglichkeit von
Mehrfachuntersuchungen pro Frau und Jahr - aufgestellt werden,
die Bewertung jedoch im Sinne einer Verteilung von Jahrgangs-
befunden in der untersuchten Population erfolgt.

3.3 _Interpretationsproblem_

Bei der Durchführung der gesetzl. Krebsfrüherkennungsmaßnahmen
wird deren positive Wirkung, d.h. eine Reduktion von Morbidität
u./o. Mortalität gegenüber der Situation ohne Früherkennungsmaßnahmen unterstellt und nach dem statistischen Beweis für diese
durch bisherige Trends unterstützte Vermutung gefragt. Man wird
also u.a. versuchen, die Entwicklung der Morbidität (hinreichend
aussagefähige Mortalitätsstatistiken liegen in der BRD nicht vor)
unter der Wirkung dieser Früherkennungsmaßnahmen zu analysieren,
wobei zunächst rein qualitativ auf die Existenz von Unterschieden
in den Häufigkeiten getestet wird. Ist ein Unterschied nachgewiesen, so ist damit jedoch noch nicht die Frage nach dem _kausalen_
Zusammenhang von Morbiditätsänderung und Früherkennungsmaßnahmen
beantwortet, d.h. es ist u.a. auf das Vorliegen und den Einfluß
von zeitlichen Korrelationen zu prüfen. Erst nach dieser Klärung
ist es sinnvoll, quantitativ die Wirkung dieser Früherkennungsmaßnahmen in Form von Kosten-Nutzen-Analysen zu ermitteln.
Möchte man zum Vergleich die Morbiditätsentwicklung bei einem Teil-
kollektiv untersuchen, das nicht den Anspruch auf die gesetzliche
Früherkennungsmaßnahme besitzt (z.B. Frauen unter 30 Jahren), so
stößt man auf das Problem der geringen Fallzahlen, welches als
ein Interpretationsproblem im folgenden illustriert werden soll.

Fig. 6 zeigt für die Jahre 1971 und 1976 die Verteilung der verdächtigen und positiven zytologischen Jahrgangsbefunde(der für
die jeweilige Frau im Untersuchungsjahr erhobene schwerwiegendste

Befund) für Frauen im Alter von 15-29 Jahren, die RVO-Kassenange-
hörige sind. Die zytologischen Diagnosegruppen entsprechen dabei
der Münchener Nomenklatur.

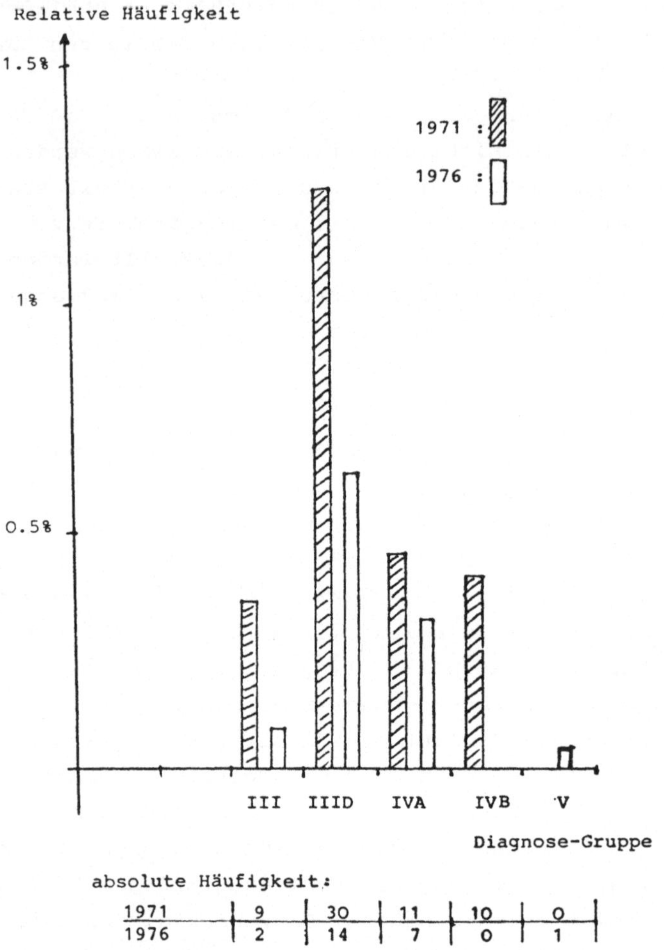

absolute Häufigkeit:

	III	IIID	IVA	IVB	V
1971	9	30	11	10	0
1976	2	14	7	0	1

Fig. 6 - Verteilung der Jahrgangsbefunde in den Jahren 1971 und 1976
RVO-Angehörige u. Altersklasse 15 - 29.

Die Schichtung der untersuchten Population nach Kassenzugehörigkeit erfolgt aufgrund der Vermutung, daß die Kassenzugehörigkeit
ggf. einen Indikator für den jeweiligen Sozialstatus darstellt
und somit die Schichtung nach diesem Merkmal Populationsheterogeni-
täten möglicherweise mindert. Allein schon diese grobe Schichtung
des Datenmaterials liefert in den interessierenden Fällen, nämlich
den verdächtigen und positiven Befunden, bereits geringe Fallzahlen, die in diesem Beispiel zwischen O und 30 liegen. Eine
weitergehende zusätzliche Schichtung, z.B. nach regionaler Zugehörigkeit, ist dann kaum noch sinnvoll, wenn man die Häufigkeitsverteilungen vergleichen möchte. Ein solcher Vergleich hat nämlich

zu berücksichtigen, daß die festgestellten Häufigkeiten aus einer
Stichprobe ermittelt werden und somit entsprechend der wahren,
aber unbekannten Verteilung in der Grundgesamtheit ein zufälliges
und hinsichtlich der Konfidenz ein von der Fallzahl abhängiges
Ergebnis darstellen. Die Berücksichtigung von Zufälligkeit und
Fallzahl geschieht implizit bei Anwendung geeigneter statistischer
Testverfahren, sie unterbleibt aber häufig dann, wenn Häufigkeitsverteilungen lediglich intuitiv interpretiert werden. Begünstigt wird eine Interpretationsweise ohne Berücksichtigung der
Fallzahlen insbesondere in den nicht seltenen Fällen, in denen
nur relative Häufigkeiten u./o. auf bestimmte Standards hochge-
rechnete Fallzahlen (z.B. Anzahl von Gruppe V-Befunden pro 10^5
Frauen) ohne Angabe von Konfidenzintervallen publiziert werden,
was die Bewertung der Aussagefähigkeit solcher Arbeiten zumindest
erschwert.

Exemplarisch soll deshalb hier nochmals die Bedeutung der Fallzahlen demonstriert werdem. Errechnet man sich zu der Irrtumswahrscheinlichkeit von 5 % für die in Fig. 6 dargestellten Häufigkeitsverteilungen die Konfidenzintervalle (approximativ durch
Annahme einer Normalverteilung [Poissonverteilung] für Fallzahlen
von $n \geq$ 50 [$n <$ 50]), so ergibt sich die Darstellung in Fig. 7. Man
erkennt, daß in den Befundgruppen III, IIID, IVa und V bei den
Konfidenzintervallen f. 1971 u. 1976 unterschiedlich starke Über-
lappungsbereiche vorliegen, d.h. es ist im "Gegensatz" zu Fig. 6,
wo die relativen Häufigkeiten für 1971 in den Gruppen III, IIID,IVa,
IV durchweg über denjenigen von 1976 liegen, - und bei isolierter
Betrachtungsweise der einzelnen Gruppen - zunächst jeweils die
Annahme zu tolerieren, daß die wahre relative Häufigkeit in der
Grundgesamtheit im Jahre 1971 unter der entsprechenden des Jahres
1976 gelegen haben kann.

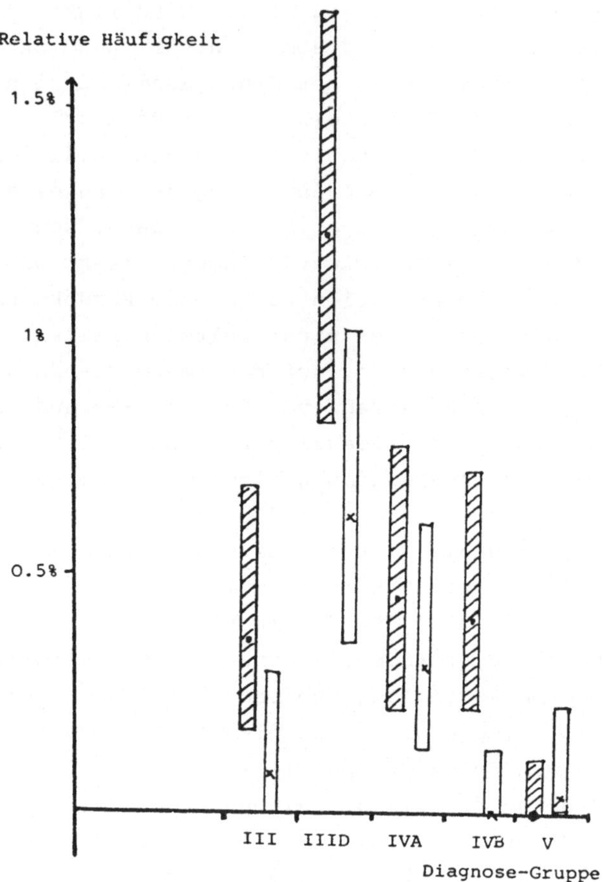

Fig. 7 - Konfidenzbereiche zu Fig. 6
Irrtumswahrscheinlichkeit: 5 %.

Gelänge es nun, den Datenpool durch Erfassung und Auswertung
von z.B. <u>sämtlichen</u> in Bayern erhobenen Befunden zu erweitern,
was etwa einer Verzehnfachung unserer Datei entspräche, so
würde sich das damit gewonnene Informationspotential - gleiche
relative Häufigkeiten unterstellt - hinsichtlich der Breite
der Konfidenzintervalle wie in Fig. 8 dargestellt, auswirken,
d.h. die völlige Annullierung bzw. Reduzierung der Überlappungs-
bereiche ermöglicht eine wesentliche schärfere statistische
Aussage.

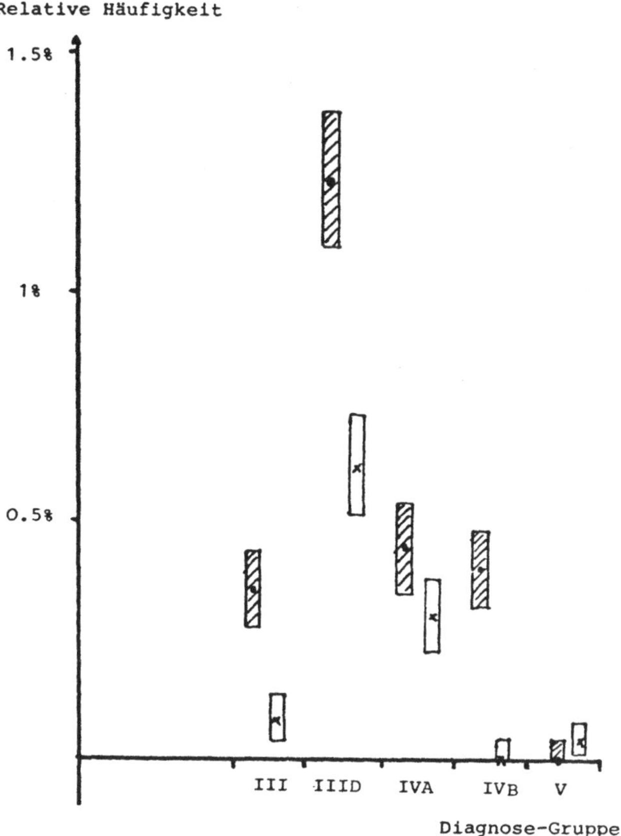

Fig. 8 - Konfidenzbereiche zu Fig. 6
Irrtumswahrscheinlichkeit: 5 %
Annahme: 10-fache Fallzahl bei gleichen relativen
Häufigkeiten.

Ergänzend und abschließend muß noch - zumindest andeutungsweise -
darauf verwiesen werden, daß die Fallzahl nicht das einzige Interpretationsproblem liefert, sondern daß bei der Ergebnisbeurteilung
noch weitere Aspekte zu berücksichtigen sind, von denen einige am
Beispiel der Fig. 9 symbolisch dargestellt sind.

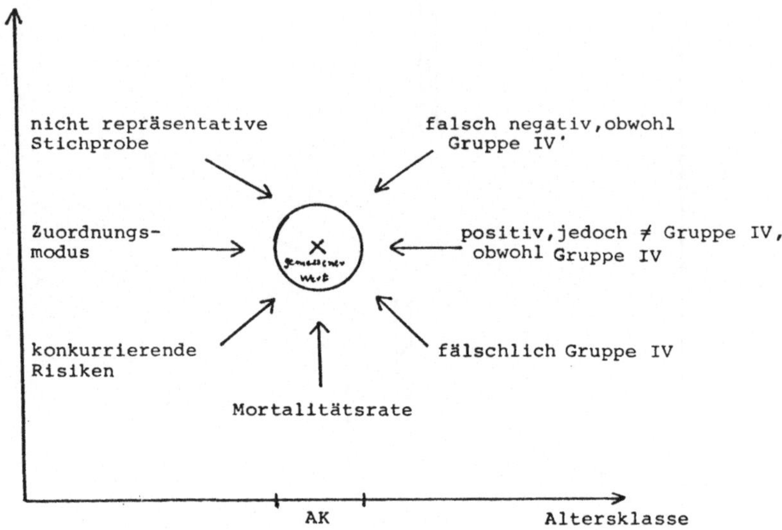

Fig. 9 - Faktoren, die stichprobenartig erhobene Meßwerte beeinflussen können. (z.B.: Häufigkeit von Gruppe IV-Befunden
in der Altersklasse AK)

Der dort markierte "gemessene Wert" einer Häufigkeit (z.B. Häufigkeit von Befunden der Gruppe IV im Jahre X und in der Altersklasse AK) ist nämlich nicht nur bestimmt durch die wahre Häufigkeit in der Grundgesamtheit, sondern auch durch zum Teil nur sehr
schwer quantifizierbare Faktoren, wie z.B. die Rate falsch negativer Befunde, konkurrierende Risiken oder - quantifizierbar -
durch den Zuordnungsmodus, d.h. durch den Algorithmus, der mehrere
Befunde innerhalb eines definierten Zeitraumes zu einem einzigen
Befund zusammenfaßt.
Diese Beispiele mögen zeigen, mit welchen Vorbehalten Resultate
insbesondere aus dem deskriptiv-statistischen Bereich zu interpretieren sind bzw. und als Konsequenz, welche differenzierte
Stichprobenerhebungen erforderlich sind, um eben jene Vorbehalte
ausschließen zu können.

ERKENNUNG VON EINFLUSSFAKTOREN DURCH KONTINGENZTAFELANALYSEN BEI FRÜHERKENNUNGSUNTERSUCHUNGEN

H. v. Rechenberg

Einleitung

Bei klinischen bzw. epidemiologischen Untersuchungen werden häufig Befunde erhoben, die nur qualitative Skalierung erlauben, so daß klassische multivariate Verfahren höchstens unter Vorbehalt anwendbar sind.

Bei prospektiven Untersuchungen interessiert die Frage, welche Faktoren bzw. Befunde einen direkten oder indirekten Einfluß auf eine spezielle Zeilgröße ausüben. Als Zielgröße bezeichnen wir ein Ereignis, dessen Ausgang anhand einzelner Befunde vorhergesagt werden soll.

Das diskutierte Verfahren dient dem Ziel, aus der Menge aller betrachteten Merkmale diejenigen herauszufinden, die die Zielgröße beeinflussen. Ausdrücklich wird darauf hingewiesen, daß die besprochenen Ergebnisse nicht in einem inferenzstatistischen Sinne gewertet werden dürfen. Derart bestimmte Einflußgrößen können einen Anhaltspunkt für subtilere, auf einige wenige Merkmale beschränkte Analysen bilden, sie können aber auch eine Orientierungshilfe für weitere Untersuchungen geben bei der Entscheidung, welche Merkmale aufzunehmen sind oder nicht.

Unser methodisches Vorgehen läßt sich folgendermaßen umreißen: Wir gehen von der Vorstellung aus, daß sich ein Untersuchungsgegenstand (im Beispiel der Schwangerschaftsverlauf) als dynamisches Wirkgefüge beobachtbarer Eigenschaften verhält, das sich auf ein Modell abbilden läßt (z.B. KEIDEL [1]). Ferner unterstellen wir, daß charakteristische Zusammenhänge zwischen Merkmalen eines Untersuchungsgegenstandes sich durch bestimmte Teilstrukturen dieses Wirkgefüges darstellen. Die hier behandelte Fragestellung zielt daher auf die Zerlegung des aus der Beobachtung gewonnenen Wechselwirkungsmodells in solche Teilmodelle, die jeweils Teilmengen von Merkmalen (Variablen) enthalten, die untereinander einfachere und ggf. besser interpretierbare Zusammenhänge zeigen. In diesem Sinne gelangen wir zu einer Clusteranalyse der Variablen. Für dieses Verfahren liefert die Kontingenztafelanalyse Bindungsmaße zur Kon-

struktion von Wechselwirkungsmodellen für qualitative Merkmale, insbesondere für
diagnostische Befunde.

Konstruktion des Wechselwirkungsmodells

Das hier zu untersuchende Wechselwirkungsmodell soll aus Werten eines Bindungsmaßes
aufgebaut werden, die sich bei paarweiser Kombination beobachteter Merkmale errechnen lassen. Die Einschränkung auf paarige Bindungsmaße geschieht aus rein pragma-
tischenGründen. Es ist also zu beachten, daß derart konstruierte Modelle die mögliche Vielfalt von Wechselwirkungen höherer Ordnung nicht wiedergeben können. Die
folgenden Betrachtungen sind jedoch zwanglos auf Modelle übertragbar, die sich aus
Bindungsmaßen für Merkmalskombinationen höherer Ordnung bilden lassen.

Als Bindungsmaß der beobachteten Abhängigkeiten zwischen je zwei qualitativ skalier-
baren Merkmalen benutzen wir einen der üblichen ungerichteten Kontingenztafelkoeffi-
zienten. Die spezielle Wahl ist ohne Einfluß auf die nachfolgende Analyse des Modells.
Unser Computerprogramm, mit dem die hier diskutierte Auswertung durchgeführt wurde,
erlaubt wahlweise die Benutzung der wichtisten χ^2-abhängigen Koeffizienten.

Bei n vorgelegten Merkmalen lassen sich n(n-1)/2 verschiedene Werte eines ungerichteten Kontingenzkoeffizienten errechnen. Jeder dieser Werte erfordert die Auszählung
einer Zwei-Weg-Kontingenztafel für das jeweilige Merkmalspaar. Die Gesamtheit dieser
Werte läßt sich auf unterschiedliche Weise zu einem Modell des Wirkgefüges der Merkmale zusammenfügen: Es läßt sich beispielsweise ein bewerteter ungerichteter Graph
mitn Knoten konstruieren. Offensichtlich wird diese Darstellungsform mit wachsendem
n unhandlicher, wenn man von Sonderfällen absieht.

Wir wählen daher die symmetrische n*n-Matrix als Darstellungsform, die sog. marginale
Assoziationsmatrix. Für explorative Betrachtungen ist es zweckmäßig, die vorgelegte
Assoziationsmatrix mit Hilfe einer Dichotomisierungsregel in eine boole'sche Matrix
bzw. die Adjazenzmatrix eines Graphen zu verwandeln:

$$A(V) : a_{ij} = \begin{cases} 1 & \text{wenn} \quad c(v_i,v_j) > c_o \\ 0 & \text{sonst} \end{cases} \tag{1}$$

Es sei $\{V: v_i, i=1,\ldots,n\}$ die Menge der vorgelegten Merkmale in einer bestimmten
willkürlichen Anordnung. A(V) sei die boole'sche Matrix, in der Zeilen und Spalten
dieentsprechende Reihenfolge der Merkmale in V aufweisen. $c(v_i,v_j)$ ist der für das
Merkmalspaar v_i,v_j gefundene Kontingenzkoeffizient und c_o ist ein Schwellenwert für
die Bewertung der Relevanz der Bindungen, letzterer kann noch von einer vorgegebenen
Wahrscheinlichkeit abhängen.

Mit den einzelnen Werten der Kontingenzkoeffizienten ist weder die Form des Graphen noch die derbeschreibenden Matrix genau festgelegt. Dieser Umstand entspricht trivialerweise der Tatsache, daß die Reihenfolge der Merkmale keinen Einfluß auf einzelne Werte von Kontingenzkoeffizienten hat. Es bleiben n! Möglichkeiten, die n Zeilen und Spalten zu einer symmetrischen Matrix zusammenzufügen. Da zunächst keine dieser Möglichkeiten ausgezeichnet ist, bleibt die Auswahl willkürlich.

Ziel des besprochenen Verfahrens ist es, Zusammenhänge von Merkmalen, insbesondere auch über Zwischenglieder hinweg, zu erfassen und übersichtlich darzustellen.

Betrachtet man beispielsweise dichotomisierte Assoziationsmatrizen, die van EIMEREN [2] mit n=54 oder ROMMEL et al. [3] mit n=58 ermittelt haben, so erkennt man, daß die hier interessierenden Zusammenhänge nicht systematisch überschaubar hervortreten.

Diesführt auf die Vorstellung, daß es eine bestimmte Anordnung der Merkmale bzw. der dichotomisierten Assoziationsmatrix geben muß, die sich dadurch auszeichnet, daß sie dieinteressierenden Zusammenhänge systematisch hervorhebt und augenfällig darstellt. An Stelle einer solchen Anordnung kann eine Anzahl von Anordnungen treten, die in Bezug auf die geforderte Aussagekraft gleichwertig sind.

Zerlegung des Wechselwirkungsmodells

Ausgangspunkt der folgenden Überlegung sind die $n(n-1)/2$ verschiedenen Werte $c(v_i, v_j)$ eines Kontingenzkoeffizienten bzw. die entsprechend der Dichotomisierungsregel zugeordneten boole'schen Werte a_{ij}. Gesucht ist eine aus diesen Werten gebildete symmetrische Matrix A, die sich durch eine solche Anordnung von Zeilen und Spalten auszeichnet, daß die interessierenden Zusammenhangsmuster als Teilmengen von Merkmalen hervortreten.

Das hier herauszuarbeitende Grundmuster soll aus einer Teilmenge solcher Merkmale bestehen,die untereinander eine vorgeschriebene Mindestzahl k relevanter Bindungen je Merkmal aufweisen in gewisser Anlehnung an die Konstruktion der sog. k-Cluster (C_k) nach LING [4]: Es ist

$$v_i \in C_k \implies \sum_{j=1}^{n} a_{ij} \geq k \tag{2}$$

Derart definierte Cluster haben zwei für das Verfahren wesentliche Eigenschaften:
1. Verschiedene k-Cluster gleicher Stufe (k) umfassen disjunkte Teilmengen von Merkmalen.
2. Die Merkmale eines Clusters der Stufe $k \geq 1$ sind stets Teilmenge eines Clusters

niederer Stufe. Der k=0-Cluster umfasse per definitionem die Menge aller gegebenen Merkmale.

Wir definieren einen Algorithmus R_k, der bei Anwendung auf das vorgelegte Wechselwirkungsmodell in Gestalt der boole'schen Matrix A die Bindungen aller derjenigen
Merkmale löscht, die die Bedingung (2) nicht erfüllen:

$$R_kA = A': a'_{ij} = \begin{cases} 1 & \text{wenn } \sum_{l=1}^{n} a_{li}a_{ij} > k \\ \\ 0 & \text{sonst} \end{cases} \qquad (3)$$

Die Bedingung (2) ist zwar notwendig, aber noch nicht hinreichend für die Existenz
eines k-Clusters, daher wird auch A' im Allgemeinen noch keine Zerlegung in k-Cluster
darstellen.

Eine hinreichende Bedingung für die Darstellung von (k+1)-Clustern ist die (n-1)-
malige rekursive Anwendung von R_k,

$$
\begin{aligned}
R_k \dots R_k A &= R_k^n A \\
&= R_k^{n-1} A' \\
&\quad \vdots \\
&= R_k A^{(n-1)} \\
&= A^{(n-1)}
\end{aligned}
$$

Nach spätestens n-1 Rekursionen ruft die erneute Anwendung von R_k auf das Restmodell
$A^{(n-1)}$ keine Veränderungen mehr hervor, denn einmalige Anwendung von R_k löscht bereits alle Bindungen, die an einem Merkmal inserieren und die Bedingung (3) nicht erfüllen. Beispielsweise läßt sich die rekursive Anwendung von R_1 deuten als fortlau-
fende Ablösung aller endständigen Knoten einer Baumstruktur. Falls das Restmodell
$A^{(n-1)}$ noch Bindungen enthält, müssen zyklische Strukturen vorliegen.

Die vollständige Auflösung aller Bindungen des Wechselwirkungsmodells geschieht nach
folgender Strategie:

1. Durch rekursive Anwendung von R_1 werden alle Baumstrukturen von ihren Enden her
    sukzessive aufgelöst. Das Endergebnis sind Cluster des Typ k=2 (Zyklen).
2. Durch einmalige Anwendung von R_k (k≥2 und der kleinste Wert, so daß bei Anwen-
    dung auf das Restmodell eine weitere Reduktion der Bindungen eintritt) wird ein
    Zyklus des Restmodells an seiner "schwächsten" Stelle aufgebrochen.

Danach wird weiter verfahren, wie unter Nr. 1 beschrieben, denn das Restmodell kann erneut Baumstrukturen aufweisen. Erstmalige Anwendung eines R_k, wobei k größer als in allen vorangehenden Analyseschritten, zeigt an, daß im vorausgehenden Schritt die Zerlegung in k-Cluster abgeschlossen war.

Durch diese Zerlegung zerfällt das ursprüngliche Wechselwirkungsmodell in disjunkte k-Cluster $C_k^{\varkappa_k}$, $\varkappa_k = 1,2,\dots$. Es sei $\varkappa_k$ eine willkürliche aufsteigende Nummerierung. Jeder k-Cluster kann seinerseits Glied einer ineinandergeschachtelten Hierarchie von Clustern sein:

$$\{C_2^{\varkappa_2}\, ,\ \varkappa_2 = 1,2,\dots\} \subseteq C_1^{\varkappa_1}$$
$$\cdot$$
$$\cdot$$
$$\cdot$$
$$\{C_k^{\varkappa_k}\ ;\ \varkappa_k = 1,2,\dots\} \subseteq C_{k-1}^{\varkappa_{k-1}}$$

Wir führen daher nach jeder iterativer Anwendung von R_k eine Umordnung der Merkmale aus:

Merkmale, die einem gemeinsamen k-Cluster angehören, kommen auf aufeinanderfolgende Plätze. Die Merkmale der größeren Cluster (d.h. k-1, k-2 ...) sollen dabei nicht auseinandergerückt werden. Diese Ordnung ist stets realisierbar, da Cluster gleicher Stufe immer disjunkt sind.

Vor jeder neuen Anwendung eines R_k werden auch die Zeilen und Spalten der Restmatrix in die neue Reihenfolge der Merkmale gebracht. Dadurch wird die bisher erreichte Ordnung automatisch übernommen.

Es sei noch erwähnt, daß die disjunkten Cluster mit Hilfe des Algorithmus von WARSHALL [5] identifiziert werden.

Nach der vollständigen Auflösung aller Bindungen des vorgelegten Wechselwirkungsmodells A werden alle Bindungen des Modells rekonstruiert und in der gefundenen Reihenfolge der Zeilen und Spalten zu einer neuen Matrix A zusammengefügt. Die Figuren 1 und 2 stellen im Auswertungsbeispiel ein Wechselwirkungsmodell in willkürlicher und geordneter Reihenfolge der Zeilen und Spalten gegenüber.

Diskussion am Auswertungsbeispiel

Die eben erläuterte Methode soll jetzt in Anwendung auf einen Teil des Datenmaterials aus der prospektiven Untersuchung Schwangerschaftsverlauf und Kindesentwicklung diskutiert werden [6-8]. Das Datenmaterial wurde uns freundlicherwiese vom Institut für medizinische Dokumentation und Statistik der Universität Mainz überlassen.

EDV gemäß aufbereitete Befunde standen aus dem Umfeld der EPH-Gestose zur Verfügung. Die Auswahl der Einzelbefunde zeigt die Tabelle, sie wurde in Zusammenarbeit mit dem o.g. Institut getroffen. Unsere Auswertung umfaßt 6117 Schwangerschaften in 26 Einzelbefunden (Tabelle). Die Beobachtungen umfassen im wesentlichen:

1. den Zustand der Mutter vor der Geburt (Nrn. 1-7 und 21).

2. den Zustand der Mutter während der Schwangerschaft in zwei Untersuchungen (6. und 20. Schwangerschaftswoche, Nrn. 17 - 19, 22, 23).

3. anamnestische Befunde der Mutter (Nrn. 13-16).

4. den Zustand es Kindes bei der Geburt (Nrn. 8, 24-26).

Die in Fig. 1 dargestellte dichotomisierte Assoziationsmatrix wurde nach folgender Regel erzeugt:

$$A(V): a_{ij} = \begin{cases} 1 & \text{wenn} \quad P\{X^2 \leq X^2 \ (v_i, v_j)\} > 0.9999 \\[2ex] 0 & \text{sonst} \end{cases}$$

Die Anordnung der Zeilen und Spalten entspricht der Reihenfolge der Merkmale in der Tabelle. Diese Reihenfolge ergab sich bei der Auswahl aus den Dokumentationsunterlagen und Fig. 1 zeigt, daß sie in keiner Weise am tatsächlichen Zusammenhangsmuster der Merkmale orientiert ist. Fig. 2 zeigt die gleiche Matrix, sie unterscheidet sich lediglich durch eine geänderte Reihenfolge der Zeilen und Spalten von der Darstellung in Fig. 1, wobei die zuvor erläuterten Algorithmen angewendet wurden.

Der informative Wert der neugewonnenen Ordnung des Modells muß sich darin erweisen, daß die augenfällig gewordenen Teilstrukturen einen interpretierbaren Bezug zum Untersuchungsgegenstand zeigen.

Vollständige k-Cluster wurden in Fig. 2 durch starke Umrandung kenntlich gemacht: Man erkennt eine Schachtelung von Clustern des Typs k=1,2,3,4.

Teilmengen von Merkmalen, die untereinander in engerem Zusammenhang stehen als mit ihrer "Umgebung", sind durch schwache Umrandung hervorgehoben. Sie erfüllen die Definition der k-Cluster nach (3) jedoch nicht. Diese letzteren Merkmalsgruppierungen

Tabelle: <u>Auswahl der ausgewerteten Merkmale aus der prospektiven Untersuchung Schwangerschaftsverlauf und Kindesentwicklung [6-8].</u>

Nr.	Bezeichnung des Merkmals	Klassen
1	RR systolisch, praepartal	3
2	RR diastolisch, praepartal	3
3	BSG, praepartal	2
4	Ödeme, praepartal	2
5	Varizen, praepartal	2
6	Proteinurie, praepartal	2
7	Glucosurie, praepartal	2
8	Geschlecht	2
9	Alter der Mutter	2
10	Familienstand	2
11	Dauer der Schwangerschaft	2
12	Blutung ab 6. Schwangerschaftswoche	3
13	Frühere Aborte	2
14	Diabetes mellitus der Mutter	2
15	Nephropathien	2
16	Cardiovasculäre Befunde	2
17	Übelkeiten bis zur 1. Untersuchung	2
18	Hypertonie bis zur 1. Untersuchung	2
19	Seelische Belastung bis zur 1. Untersucnung	2
20	Blutgruppe der Mutter	4
21	EPH-Gestose	2
22	Übelkeiten zwischen 1. Untersuchung und 20. Schwangerschaftswoche	2
23	Seelische Belastung zwischen 1. Untersuchung und 20. Schwangerschaftswoche	2
24	Apgar nach 5 Minuten	2
25	Lage des Kindes	2
26	Geburtsausgang	2

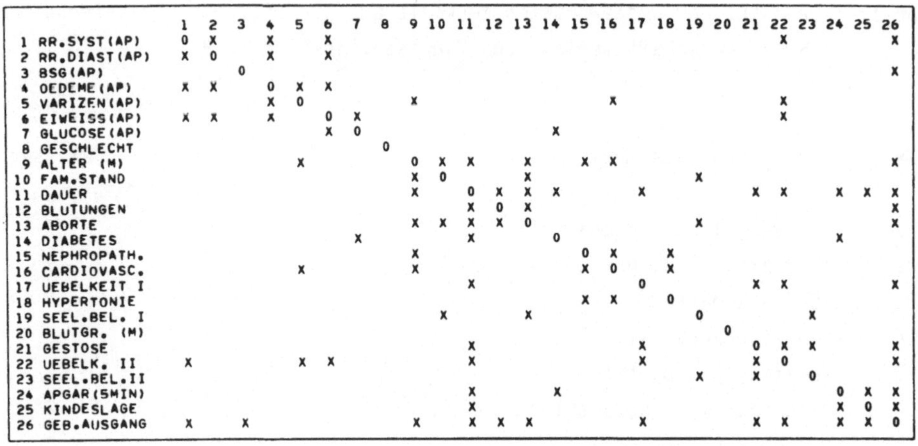

	1	2	3	4	5	6	7	8	9	10	11	12	13	14	15	16	17	18	19	20	21	22	23	24	25	26
1 RR.SYST(AP)	0	X		X		X																X				X
2 RR.DIAST(AP)	X	0		X		X																				
3 BSG(AP)			0																							X
4 OEDEME(AP)	X	X		0	X	X																				
5 VARIZEN(AP)				X	0				X							X						X				
6 EIWEISS(AP)	X	X		X		0	X															X				
7 GLUCOSE(AP)						X	0							X												
8 GESCHLECHT								0																		
9 ALTER (M)					X				0	X	X		X		X	X										X
10 FAM.STAND									X	0			X						X							
11 DAUER									X		0	X	X	X			X				X	X		X	X	X
12 BLUTUNGEN											X	0	X													X
13 ABORTE									X	X	X	X	0						X							X
14 DIABETES							X				X			0										X		
15 NEPHROPATH.									X						0	X		X								
16 CARDIOVASC.					X				X						X	0		X								
17 UEBELKEIT I											X						0				X	X				X
18 HYPERTONIE															X	X		0								
19 SEEL.BEL. I										X			X						0				X			
20 BLUTGR. (M)																				0						
21 GESTOSE											X						X				0	X	X			X
22 UEBELK. II	X				X	X					X						X				X	0	X			X
23 SEEL.BEL.II																			X		X	X	0			X
24 APGAR(5MIN)											X			X										0	X	X
25 KINDESLAGE											X													X	0	X
26 GEB.AUSGANG	X		X						X		X	X	X				X				X	X		X	X	0

Fig. 1: Adjazenzmatrix, Merkmale in der ursprünglichen Reihenfolge.

stehen untereinander in direkter oder indirekter Verbindung, wie sich nach einigem "Einsehen" in die Darstellung nach Fig. 2 erkennen läßt.

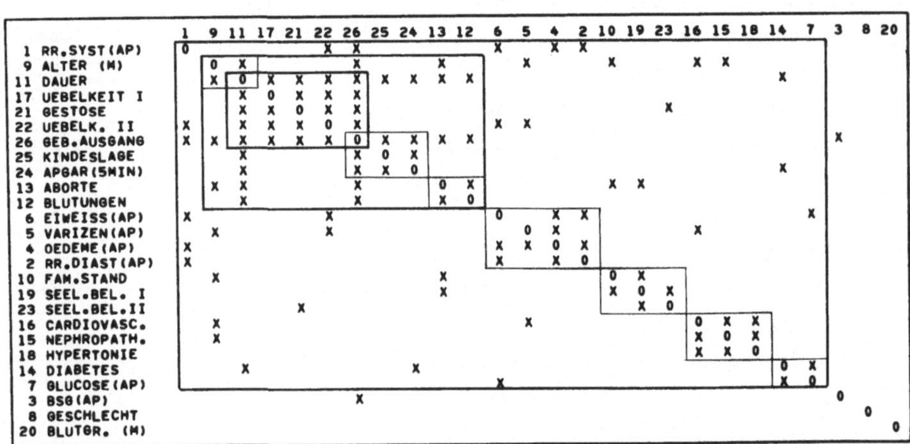

	1	9	11	17	21	22	26	25	24	13	12	6	5	4	2	10	19	23	16	15	18	14	7	3	8	20
1 RR.SYST(AP)	0					X	X					X		X	X											
9 ALTER (M)		0	X				X			X			X			X			X	X						
11 DAUER		X	0	X	X	X	X	X	X	X	X											X				
17 UEBELKEIT I			X	0	X	X	X																			
21 GESTOSE			X	X	0	X	X											X								
22 UEBELK. II	X		X	X	X	0	X					X	X					X								
26 GEB.AUSGANG	X	X	X	X	X	X	0	X	X	X	X							X						X		
25 KINDESLAGE			X				X	0	X																	
24 APGAR(5MIN)			X				X	X	0													X				
13 ABORTE		X	X				X			0	X					X	X									
12 BLUTUNGEN			X				X			X	0															
6 EIWEISS(AP)	X					X						0		X	X								X			
5 VARIZEN(AP)		X				X							0	X					X							
4 OEDEME(AP)	X											X	X	0	X											
2 RR.DIAST(AP)	X											X		X	0											
10 FAM.STAND		X								X						0	X									
19 SEEL.BEL. I										X						X	0	X								
23 SEEL.BEL.II					X	X	X										X	0								
16 CARDIOVASC.		X											X						0	X	X					
15 NEPHROPATH.		X																	X	0	X					
18 HYPERTONIE																			X	X	0					
14 DIABETES			X						X													0	X			
7 GLUCOSE(AP)												X										X	0			
3 BSG(AP)							X																	0		
8 GESCHLECHT																									0	
20 BLUTGR. (M)																										0

Fig. 2: Adjazenzmatrix, Merkmale in neugeordneter Reihenfolge.

Ein Interpretationsversuch der eben angesprochenen Strukturelemente des Wechselwirkungsmodells soll nur kurz angedeutet werden: Die engsten Beziehungen untereinander zeigen die Merkmale des k=4-Clusters, von denen Gestose und Geburtsausgang am meisten interessieren. Die Merkmalsgruppen Nrn. 9,11 bzw. Nrn. 26, 25, 24 hängen direkt mit dem k=4-Cluster zusammen in Übereinstimmung mit den Tatsachen, daß das

Alter ein Risikofaktor für das Auftreten der Gestose ist (s. RIPPMANN [9]), ebenso wie die Zusammenhänge zwischen Geburtsausgang und Kindeslage bzw. per definitionem dem Apgar-Wert.

Ferner sei hingewiesen auf direkte Zusammenhänge zwischen dem k=4-Cluster und der Merkmalsgruppe Nrn. 6, 5, 4, 2 (EPH-Symptome) bzw. der Merkmalsgruppe Nrn. 14, 7 (Diabetes). Abschließend sei erwähnt, daß die in Fig. 1 und 2 gezeigten Darstellungen durch Benutzung des Computerprogramms im Echtzeitbetrieb am Display gewonnen wurden. Eine geeignete Wahl der Dichotomisierungsschwelle ergibt sich beispielsweise erst nach mehreren Versuchen, die zeigen ob die Zahl der relevanten Bindungen weder zu groß noch zu klein für eine sinnvolle Analyse ist.

Diese Diskussion sollte zeigen, daß auch die explorative Analyse ein nützliches Hilfsmittel ist, sich einen orientierenden Überblick über etwaige Zusammenhänge in einem Datenbestand zu verschaffen.

Herrn Prof. Dr. Victor sei für die Anregung zu dieser Arbeit gedankt. Auch Herrn Prof. Dr. Michaelis und Frau Dr. Michaelis dankt der Autor für die Bereitstellung und Auswahl des diskutierten Datenmaterials.

Erforderliche Programmentwicklungen und Auswertungen wurden an der IBM 370/158 des Kommunalen Gebietsrechenzentrums in Giessen erledigt. Die Arbeiten wurden aus Mitteln des BMFT im Rahmen des Projekts DVM 310 gefördert.

Literaturverzeichnis

[1] Keidel, W.D.: Kybernetische Leistungen des menschlichen Organismus. Elektrotechn. Z. $\underline{24}$ (1964) pp. 769-808.

[2] van Eimeren, W.: Multimorbidität in der Allgemein-Praxis. Schriftenreihe des Zentralinstituts für kassenärztliche Versorgung in der BRD. Bd. III, Köln-Lövenich, 1976 (Deutscher Ärzte-Verlag), p. 22.

[3] Rommel, K.; Steinhardt, B.; Überla, K.: Modell-Vorsorgeuntersuchung in zwei Betrieben. III. Zusammenhänge zwischen Meßwerten und Antworten im Fragebogen. Klin. Wschr. $\underline{54}$ (1976) pp 1187-1192.

[4] Ling, R.F.: On the theory and construction of k-clusters. Computer J. $\underline{15}$ (1972) pp. 318-323.

[5] Warshall, S.: A theorem on Boolean matrices. J. Assoc. Comput. Mach. $\underline{9}$ (1962) pp. 11-12. Dörfler, W.; Mühlbacher, J.: Graphentheorie für Informatiker, Berlin 1973 (de Gruyter-Verlag), p. 73.

[6] DFG-Forschungsbericht: Schwangerschaftsverlauf und Kindesentwicklung, bisherige Ergebnisse eines seit 1964 geförderten Schwerpunktprogramms (Stand Mai 1976) Boppard 1977 (Boldt Verlag).

[7] Degenhardt, K.-H.; Seitner, C.A.: Schwangerschaftsverlauf und Kindesentwicklung - ein Schwerpunktprogramm der Deutschen Forschungsgemeinschaft. DFG-Mitteilung 1 (1972) pp. 47-59.

[8] Koller, S.: Die Kooperativ-Studie "Schwangerschaftsverlauf und Kindesentwicklung". In: Perinatale Medizin III (Hrsg.: E. Soling, J.W. Dudenhausen), Stuttgart 1972 (Thieme Verlag) pp. 608-613.

[9] Rippmann, E.T.: EPH-Gestose. Berlin 1972 (de Gruyter Verlag).

STEUERUNG VON AKTIVITÄTEN IN EINEM KOMMUNALEN HERZKREISLAUF-VORSORGE-PROJEKT

L. Buchholz, E. Kurz, W. Künnemann, E. Nüssel, H. Bergdolt

Zum Thema Herzkreislauf-Vorsorge wird nachfolgend über Resultate eines prospektiven Forschungsprojektes berichtet, welches in partnerschaftlicher Zusammenarbeit von kommunaler Verwaltung, niedergelassener Ärzteschaft und Universität seit 1975 durchgeführt wird. Dabei soll zugleich gezeigt werden, daß primär präventiv-medizinisch orientierte Forschung auf dem Herzkreislaufsektor gemeinsam mit kommunaler Selbstverwaltung und freier Praxis nötig und möglich ist.

Zunächst möchten wir die Konzeption der interdisziplinären epidemiologischen Herzinfarktforschung in Heidelberg vorstellen. Dieses Langzeitprojekt gilt den chronischen Zivilisationskrankheiten auf dem Gebiet der Inneren Medizin (Abb. 1). Nach zweieinhalbjähriger Planung haben wir uns zunächst, wie aus dem oberen Bildabschnitt von Abb. 1 hervorgeht, schwerpunktartig mit der Entwicklung standardisierter Erhebungssysteme befaßt. Dazu gehörten die soziale Anamnese, die Krankengeschichte sowie der klinische Befund. HEHL entwickelte ein System von 25 Skalen zur Erfassung der Persönlichkeit, das im BELTZ-Verlag 1974 veröffentlicht wurde. Auf ökologischem Gebiet erfaßten wir im Heidelberger Raum Verkehrsdichte und Wohndichte sowie Trinkwasserqualität. Schließlich wurden in das Programm Dimensionen der Weltanschauung in die Gesamtkonzeption hereingenommen. Wir haben dies unter dem Begriff Theologie zusammengefaßt.

197o erfolgte im Auftrage des Bundesministers für Jugend, Familie und Gesundheit die Einrichtung des WHO-Herzinfarktregisters. Dies bedeutet, daß im alten Stadt- und Landkreis von Heidelberg bei 3o4.ooo Einwohnern alle neu auftretenden Fälle mit Herzinfarkt erfaßt und jährlich nachbeobachtet werden. In den ersten drei Jahren konzentrierten sich die Aktivitäten auf die Fragen der sekundären Prävention. 1972 wurde eine spezielle Studie zur Prodromalsymptomatik des Herzinfarktes begonnen.

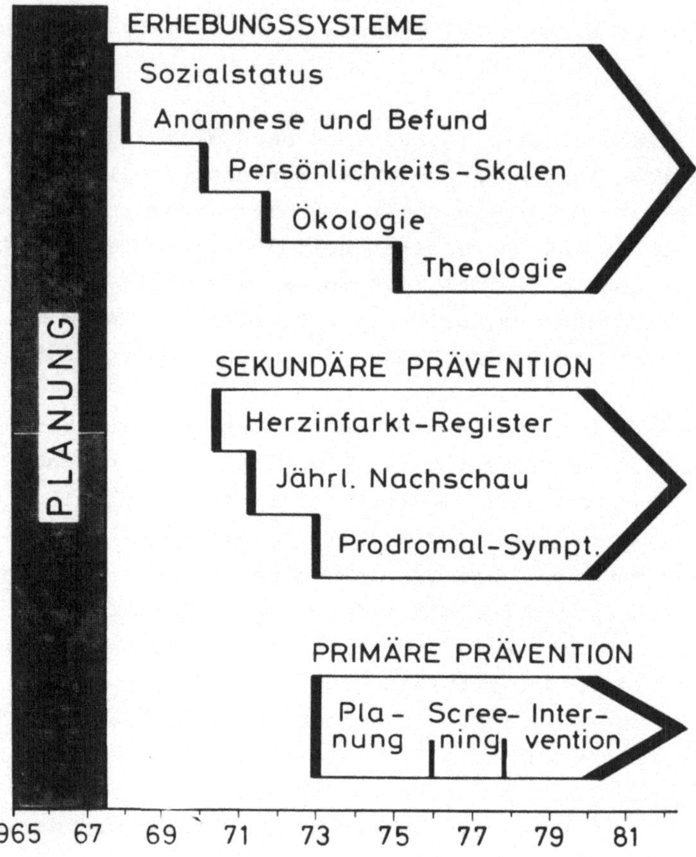

Abb. 1: Standardisierte Erhebungsmodelle und Bevölkerungsstudien im
Rahmen der epidemiologischen Herzinfarktforschung in Heidelberg.

Die Vorbereitungen für ein umfassendes Projekt zur primären Prävention leiteten wir 1973 ein und wählten von den 52 Gemeinden des Re-
gisterareals Eberbach und Wiesloch für die kommunale Prävention aus.
Durch die seit 197o im gesamten Registerareal (Abb. 2) stattfindende
Erfassung und Nachbeobachtung aller neu auftretenden Fälle mit Herzinfarkt läßt sich die jährliche Inzidenzrate des Herzinfarktes in den
beiden Interventionsstädten ermitteln. Letztlich zielt das WHO-Projekt

WHO MYOCARDIAL-INFARCTION-REGISTER-AREA

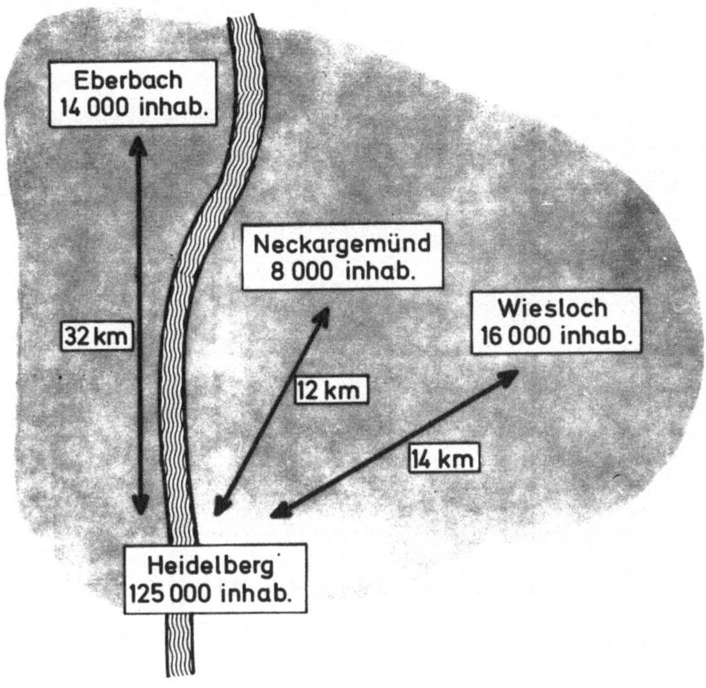

Abb. 2: Das WHO-Herzinfarkt-Registerareal, ca. 3o4.ooo Einwohner.

Eberbach/Wiesloch auf eine Senkung dieser Inzidenzrate. Beide Städte
sind jedoch zu klein, um eine statistisch signifikante Reduktion der
Infarktrate zu ermitteln. Deshalb ist die WHO langfristig bemüht, die
im Heidelberger Raum ermittelten Daten mit Ergebnissen anderer Zentren
zu poolen. Hier sei nur auf das Nordkarelien-Projekt, das Novisad-
Projekt in Jugoslawien sowie die Projekte in Ungarn, der Tschechos-
lowakei und in Schweden erinnert.

So wie das Register seit ca. 1o Jahren besteht und Schritt für
Schritt fortgeführt wird, so ist auch das Vorsorgeprojekt auf einen
Zeitraum von 15 - 2o Jahren angelegt. In der Vorbereitungs- und Pilotphase bestand für uns damals die Schwierigkeit, aus der Vielzahl
der von den verschiedenen Fachgremien vorgeschlagenen Items jene auszuwählen, die für eine Früherkennung geeignet erschienen. Umfassende
Untersuchungen, einschl. EKG, subjektiver Symptomatik sowie Anamnese
sollten nach Aussagen dieser Gremien miterfaßt werden. Bei weiterer
Diskussion schrumpfte jedoch der große Katalog von Items auf die sog.
7 klassischen Riskofaktoren für Herz und Kreislauf zusammen. Eine entscheidende Wende für die Auswahl der Items brachte ein Befund zur Prodromalsymptomatik des Herzinfarktes aus dem Registerareal (Abb. 3).

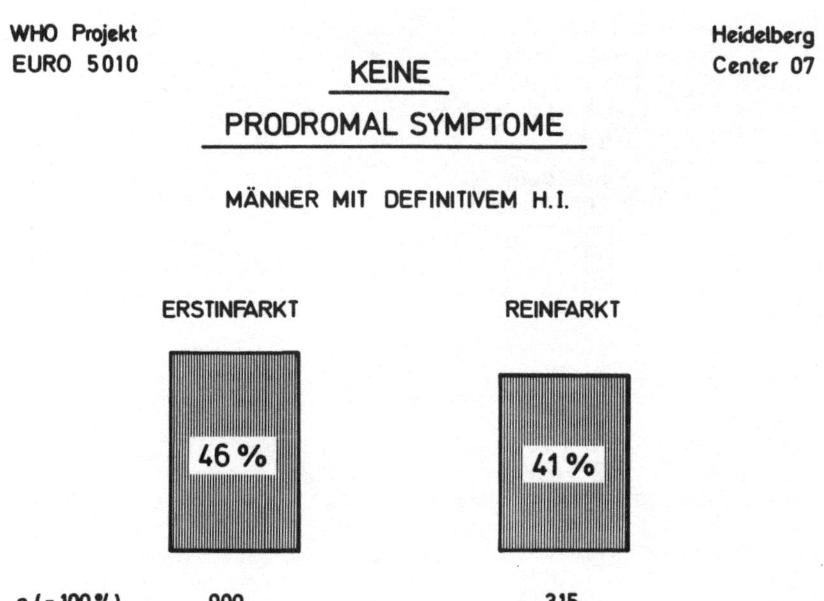

Abb. 3: Männliche Patienten ohne subjektive Symptome während der
letzten 28 Tage vor Erst- oder Reinfarkt.

mit erstem Herzinfarkt hatten 46% in den letzten 4 Wochen vor dem
akuten Ereignis keine auf eine Koronarkrankheit hindeutende Beschwer-
desymptomatik. Von den 315 Reinfarktpatienten waren es 41%. Dieser
Befund stand im krassen Gegensatz zu den weit verbreiteten Vorstellungen der Kliniker. Diese sehen vorwiegend nur jene Patienten, die
mit Beschwerden ins Krankenhaus kommen, wobei es sich hierbei jedoch
um eine Selektion handelt. Geht man von allen Infarkten einer geogra-
phisch definierten Population aus, dann ist der Anteil jener Patienten, die keine Beschwerden haben, relativ groß. Hier zeigt sich, daß
epidemiologische Studien nicht nur sehr wichtig und notwendig sind,
sondern daß die Früherkennung der Koronarkrankheit mit Hilfe der Erfassung subjektiver Symptomatik nicht sinnvoll ist. Bei der arterio-
sklerotisch bedingten Herzkreislaufkrankheit gibt es eben kein zuver-
lässiges "Frühwarnsystem", welches durch Schmerzen die Entwicklung
oder das Bestehen dieser Krankheit rechtzeitig signalisiert. Aufgrund
dieses Befundes aus der WHO-Prodromalstudie haben wir bei der Anamnese darauf verzichtet, Fragen nach den subjektiven Beschwerden mit zu
erfassen. Früherkennungsprogramme für Herz und Kreislauf implizieren
somit eine Loslösung von der schmerzgesteuerten Medizin.

Interdisziplinäre Großgruppen verlangen aber auch eine Reduktion der
Basisprogramme auf harte Parameter. Wir beschränkten uns auf die Fa-
milienanamnese und erfaßten lediglich das Vorkommen von Herzinfarkt,
Schlaganfall, Bluthochdruck und Diabetes mellitus (Abb. 4). Nach un-
seren Untersuchungen werden diese Krankheitsbegriffe von behandelnden
Ärzten gegenüber Patienten sehr kritisch verwandt.

Bei der Befunderhebung haben wir uns auf die 7 klassischen quantifi-
zierbaren Risikofaktoren der koronaren Herzkrankheit beschränkt
(Abb. 5). Auf die Erfassung psychosozialer Faktoren verzichteten wir,
da diese bisher in Großgruppen nur schwer quantifizierbar sind, ohne
damit ihre Beteiligung an der multifaktoriellen Genese des Herzinfarktes verneinen zu wollen. Steuerung heißt hier eben, Beschränkung auf
wenige, relativ einprägsame und besonders wichtige Parameter. Steuerung heißt zugleich aber auch, daß wir in der Früherkennung ausge-
sprochen restriktiv sind. Wir versprechen nicht mehr als wir halten
können. Wir reden nicht von einer Früherkennung der Koronarkrankheit.
Es geht uns vielmehr um die Früherkennung von Risikofaktoren der koronaren Herzkrankheit.

WHO Projekt
CVD 018

Heidelberg
1976

7- Punkte - Befragung

zur Früherkennung von Risikofaktoren

Bei leiblichen Angehörigen:	ja	nein	weiß nicht
1. Herzinfarkt	O	O	O
2. Schlaganfall	O	O	O
3. Bluthochdruck	O	O	O
4. Zuckerkrankheit	O	O	O

Untersuchung in den letzten zwei Jahren:	ja	nein	weiß nicht
5. Blutdruck-Messung	O	O	O
6. Urin-Untersuchung	O	O	O
7. Blutfett-Untersuchung	O	O	O

nach E. Nüssel

Abb. 4: Patientenbefragungsbogen mit Familienangaben (4 Punkte) und früheren Untersuchungen (3 Punkte).

<table>
<tr><td colspan="3">WHO Projekt
CVD 018</td><td colspan="2" align="right">Heidelberg
1976</td></tr>
<tr><td colspan="5" align="center">7-Punkte-Kontrolle
zur Früherkennung von Risikofaktoren</td></tr>
<tr><td></td><td></td><td></td><td colspan="2" align="center">Richtwerte</td></tr>
<tr><td></td><td></td><td></td><td align="center">verdächtig</td><td align="center">erhöht</td></tr>
<tr><td colspan="3">1. Rauchgewohnheiten</td><td></td><td></td></tr>
<tr><td colspan="3">2. Übergewicht (Broca)</td><td>bis 10%</td><td>ab 10%</td></tr>
<tr><td colspan="2">3. Blutdruck</td><td>syst.
diast.</td><td>ab 140
ab 90</td><td>ab 160
ab 95</td></tr>
<tr><td colspan="3">4. Cholesterin</td><td>220-259</td><td>ab 260</td></tr>
<tr><td colspan="3">5. Neutralfett</td><td>150-199</td><td>ab 200</td></tr>
<tr><td colspan="2">6. Harnsäure</td><td>Männer
Frauen</td><td>7,0-7,9
6,5 7,4</td><td>ab 8,0
ab 7,5</td></tr>
<tr><td colspan="3">7. Zucker(nüchtern) im Blut
im Urin</td><td></td><td>ab 110
positiv</td></tr>
<tr><td colspan="3">(1-2h nach Mahlzeit) im Blut
im Urin</td><td>ab 140</td><td>ab 160
positiv</td></tr>
</table>

nach E. Nüssel

Abb. 5: 7-Punkte-Kontrollbogen mit Angaben über Rauchen, Körpergewicht, Blutdruck sowie Blutuntersuchungen auf Cholesterin,
Neutralfett, Harnsäure und Zucker.

Ohne die ärztliche Beratung des Patienten bleibt Früherkennung von
Risikofaktoren ein medizinisch nicht zu verantwortender Torso. Das
reine Abgreifen, die reine Befunderhebung ist eben noch keine Früherkennung. Diese meint vielmehr eine ärztliche Synopse der somati-
schen, psychologischen und soziologischen Gegebenheit. Hierzu bietet nun die langfristige Betreuung des Patienten und seiner Familie
durch denselben Hausarzt geradezu die ideale Voraussetzung. Erkennen
von Risikofaktoren impliziert also nicht nur den Vorgang des Messens,
sondern auch den Vorgang des Bewertens. Hierbei kann die individuelle
Bewertung nur durch den Arzt erfolgen. Darüberhinaus sollte jedoch
der Patient bestimmte Richtwerte, die allgemein als verdächtig oder
erhöht gelten, kennen. In Eberbach und Wiesloch wurde deshalb an die
Patienten ein Durchschlag des 7-Punkte-Kontrollbogens mit den eigenen
Befunden und mit Benennung der Richtwerte angegeben. Im letzten Jah-
resquartal 1975 wurden bei ca. 1.000 Probanden die Erhebungsbögen,
der Kurierdienst mit dem Transport der simultan in Praxis und Klinik
zu untersuchenden Blutproben[+] sowie die Zusammenarbeit mit den 42
ortsansässigen Ärzten und den kommunalen Verwaltungen erprobt.

In dieser Pilotphase eröffneten sich einmal bedeutungsvolle, gesund-
heitspolitisch sinnvolle Möglichkeiten zur Steuerung der Aktivitäten
sowie Delegierung von Aufgaben im Rahmen der Gesundheitsvorsorge. So
wurde für das Vorsorgeprojekt die Federführung den Bürgermeistern übertragen. Gesundheitsvorsorge soll zunehmend in die kommunale Daseins-
vorsorge integriert werden. Dies setzt eine enge Zusammenarbeit mit
den ortsansässigen Ärzten voraus. Mit einem persönlichen Brief haben
die Bürgermeister die Patienten zur Untersuchung bei den niedergelas-
senen Ärzten eingeladen. Ziel, Zweck und Methode des Vorhabens wurde
von den Bürgermeistern erläutert. Ein weiteres wichtiges Element der
Steuerung ist die weitgehende Befreiung der Teilnehmer von Formalitäten. Jeder Bürger konnte ohne Berechtigungsschein an der Untersuchung teilnehmen. Die Arztwahl war frei. Es konnten auch solche Patienten teilnehmen, die keine Aufforderung erhalten hatten. Dieser

---

[+] Die Bestimmungen erfolgten mit Testkombinationen von der Fa.
Boehringer, Mannheim.

weitgehende Verzicht auf Barrieren durch Formalitäten wirkte sich für
alle Seiten erleichternd aus. Mißbrauch der Freizügigkeit war kaum zu
beobachten.

Die Totalerhebung der Risikofaktoren in Eberbach/Wiesloch erfolgte
vom 7.1.1976 bis 7.7.1977 und umfaßte insgesamt 11.5o5 Männer und
Frauen im Alter zwischen 3o und 6o Jahren. Wie aus Abb. 6 zu erken-

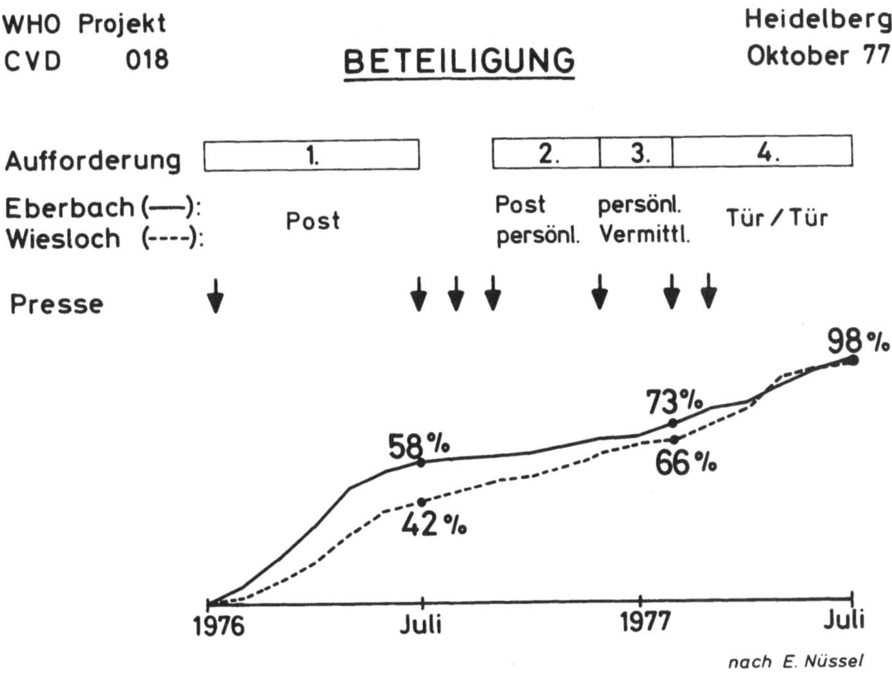

Abb. 6:   Beteiligung am WHO-Herz-Kreislauf-Vorsorgeprojekt in Eber-
bach/Wiesloch.

nen ist, folgten der kommunal gesteuerten ersten Aufforderungsphase
ca. 5o% der 3o-59jährigen Männer und Frauen beider Orte. In den Mo-
naten August und September wurde verstärkt über Presse und Rundfunk
sowie Fernsehen versucht, die Säumigen zu motivieren. Hierdurch sollte
erkannt werden, inwieweit Medien als Steuerungselement wirksam sein
können. Der Erfolg war, wie man aus der Abbildung sieht, relativ gering. Die lokale Presse steuerte noch ein weiteres zur Teilnahme der
Bürger bei.

Die Ärzte waren aus standespolitischen Gründen nicht bereit, von sich aus öffentlich an die Bevölkerung heranzutreten. Als "neutrale" Organisation konnte jedoch die kommunale Verwaltung Appelle an die Bevölkerung richten. Dies geschah u.a. durch erneute postalische Aktionen der Bürgermeister in Kooperation mit der Ärzteschaft. Bei den Ärzten in Eberbach und Wiesloch setzte sich im weiteren Verlauf der Studie die Einsicht durch, vereinzelt riskierte Patienten ihres Klientels anzuschreiben, da der Vorsorgepatient keinem Leidensdruck unterliegt, der ihn zur Teilnahme motivieren könnte. Dies war ein Vorgehen, welches vorher in der ärztlichen Praxis nicht denkbar gewesen wäre. Zwei Ärzte unserer Abteilung entschlossen sich daher, die säumigen Bürger zu Hause aufzusuchen, um die Gründe der Sämigkeit zu erfahren und um Vorbehalte auszuräumen. Dies geschah im Herbst 1976 bei ca. 2.5oo Wieslocher sowie Anfang 1977 bei ca. 1.3oo Eberbacher Bürgern. Fast alle Befragten äußerten sich sehr positiv zum Angebot der Vorsorgeuntersuchung. Auch bei der Anfang 1977 in Wiesloch durchgeführten sog. "Vermittleraktion" bezeugten ca. 1.ooo Säumige gegenüber ihren persönlichen Freunden, die wir gebeten hatten, ein motivierendes Gespräch zu führen, eine positive Einstellung. Fast alle Säumigen versprachen ihren Freunden an der Untersuchung teilzunehmen, jedoch lösten nur 55 der angesprochenen Personen ihr Versprechen ein.

Als im Frühjahr 1977 die Beteiligung fast völlig stagnierte, entschlossen wir uns zur sog. "Tür-zu-Tür-Aktion", d.h. Familienanamnese, Rauchgewohnheiten, Körpergröße, Körpergewicht und Blutdruck würden in den Wohnungen erhoben und dort auch die morgendliche Nüchternblutabnahme durchgeführt. Erst als der Weg zum Arzt abgenommen wurde, also die "Vorsorgebrötchen frei Haus" kamen, konnte die prinzipielle Bereitschaft der Bevölkerung in aktive Teilnahme umgesetzt werden. Auf diese Weise konnten wir eine 98%ige Beteiligung erreichen.

Aufwand und Nutzen der dargelegten Methoden zur Steigerung der Beteiligung entsprachen oft keineswegs den Erwartungen. Noch steht die Vorsorge zu sehr unter den Einflüssen einer schmerzgesteuerten Medizin.

Abgesehen von der Tür-zu-Tür-Aktion, empfanden wir die Erfolge unserer verschiedenen Bemühungen als enttäuschend. Rückblickend müssen wir zugeben, allzuoft Hypothesen benutzt zu haben, die sich nachher als wenig relevant oder gar als falsch erwiesen. Die Beweggründe für menschliche Verhaltensweisen sind so vielfältig und komplex, daß sie mit rationalen Mitteln offenbar kaum faßbar und vorhersagbar sind. Die Konsequenz ist: das Sitzen am Schreibtisch, das Darübernachdenken, wie es sein könnte, muß dringend durch eine Intensivierung der Feldforschung ergänzt werden. Diese empirische Forschung sollte möglichst von allgemein gehaltenen Hypothesen ausgehen.

Bei der unmittelbar bevorstehenden ersten Verlaufsuntersuchung bei den 3o-59jährigen Bürgern in Eberbach und Wiesloch im Rahmen des prospektiven WHO-Herzkreislauf-Vorsorgeprojektes sollen bei den ca.1o.ooo Probanden die mit gutem Erfolg in der Screeningphase 1976/77 erprobten Methoden eingesetzt werden, wobei Erfahrungen für den Zugang zu den Probanden aus der seit April 1978 laufenden Intervention Anwendung finden.

VEREINFACHUNG VON EDV-PROGRAMMEN ZUR ERWEITERUNG DES BENUTZERKREISES

R.Scheidt, B.Bausch, W.Morgenstern, L.Buchholz, H.-J.Ebschner

I Einleitung

Unsere Arbeitsgruppe beschäftigt sich seit ca. 15 Jahren mit der epidemiologischen Erforschung der Herz-Kreislauf-Erkrankungen. Die multifaktorielle Genese des Herzinfarktes bedingt einen interdisziplinären Forschungsansatz. Demzufolge arbeiten wir an einer Vielzahl von Projekten, welche sich auch im weitesten Sinn mit dem Forschungsgegenstand Herzinfarkt befassen. In diesen verschiedenen Projekten werden Daten einzelner Probanden erfaßt, wobei diese Daten aus den unterschiedlichsten Lebensbereichen stammen. Einige dieser Projekte sind über 1o bis 15 Jahre geplante Langzeitstudien. Da sich die verschiedenen Studien von der Zielpopulation her gegenseitig nicht ausschließen, ist es denkbar, daß sich bestimmte Probanden in mehreren Projekten befinden können.

Derartige epidemiologische Forschung ist ohne EDV-liche Begleitung nicht zu realisieren. Für unsere Arbeitsgruppe war es notwendig, ein rechnergestütztes Datenverwaltungssystem zu schaffen, welches auf die Belange der Herz-Kreislauf-Forschung abgestimmt ist. Wir haben ein Medizinisch-Wissenschaftliches-Datensystem (MEWIDASY) zur Datenerfassung, -verarbeitung und -auswertung geschaffen, das dem komplexen Forschungsansatz, dem immensen Datenanfall bei epidemiologischen Studien sowie der Heterogenität der Daten entspricht.

Kernideen bei der Planung dieses Systems waren:

- Neben der Möglichkeit hierarchische Strukturen abzubilden, sollten außerdem Netzwerkstrukturen durch das Führen invertierter Listen dargestellt werden.

- Ein Erhebungssystem zu konstruieren, welches die erhobenen Informationen aus medizinischen, psychologischen, ökologischen und kulturell-theologischen Bereichen so koordiniert, daß die betreffenden fachspezifischen Fragebögen in diversen Projekten eingesetzt werden können.

- Die Möglichkeit zu schaffen, nicht rechteckige Dateien zu verarbeiten.

- Die Anwender-Software so zu konstruieren, daß
  alle Programme flexibel eingesetzt und durch
  Steuerkarten variabel angewendet werden können.

- Die Bedienung des gesamten Systems so zu ver-
  einfachen, daß es auch EDV-lichen Laien möglich ist, selbständig die von ihnen gesammelten Informationen allen Beteiligten zur Verfügung zu stellen und auf Informationen anderer Mitarbeiter zurückzugreifen.

II Datenverwaltung

DATENVERWALTUNG

Übersicht

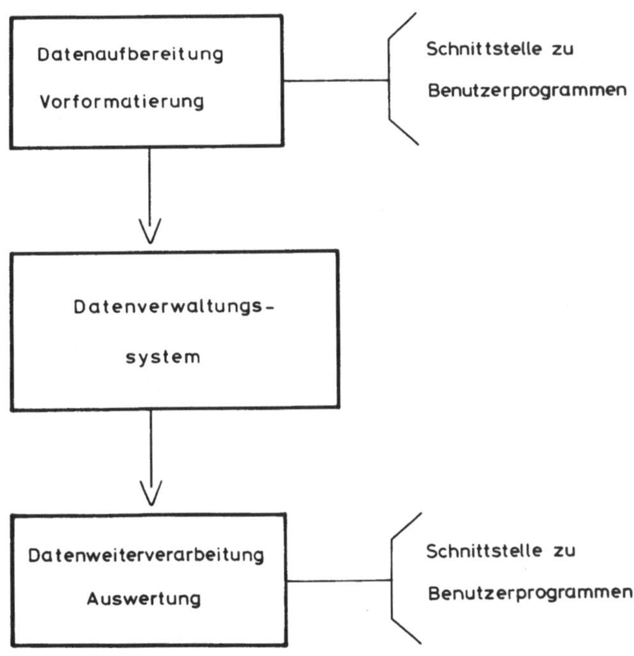

Abb. 1: Aufteilung der Datenverwaltung in 3 Bereiche

Der Gesamtkomplex des in sich abgeschlossenen Datenverwaltungsystems
gliedert sich in die aus der praktischen Erfahrung gewonnenen drei Bereiche (Abb. 1):

- Datenerfassung
- Datenspeicherung
- Datenauswertung.

Im Bereich der Erfassung von Informationen war es notwendig, einige
Anwenderprogramme zu entwerfen, mit denen die gesamte Problematik dieses Gebietes abgedeckt wird. Der Aufbau des gesamten Datenverwaltungs-
systems ist so konzipiert, daß zu jedem Zeitpunkt neue, auch fremde
Projekte oder Erhebungsbögen, problemlos integriert werden können.
Zum Beispiel sind wir in der Lage, Daten jeglicher Struktur in das
vom MEWIDASY geforderte Format zu transformieren.

Passend formatierte Daten werden mit der dem MEWIDASY eigenen Data-
Definition-Language (DDL) beschrieben. Mit dieser DDL ist es auch
möglich, Kriterien für formale Fehlerprüfungen und Plausibilitäts-
Checks festzulegen. Darüberhinaus enthält die Datenbank Verweisda-
teien, in denen Codierungs- und Verschlüsselungsvorschriften gespei-
chert sind. Nur geprüfte und fehlerfreie Informationen werden in das
Datenspeichersystem übernommen.

Es ist möglich, aus dem gesamten gespeicherten Datenbestand, ein ge-
wünschtes Unterkollektiv nach frei wählbaren Kriterien zu erstellen.
Sowohl ein solches Unterkollektiv als auch der gesamte Datenbestand
müssen unabhängig von ihrer jeweiligen Datenstruktur mit Hilfe bekannter Statistikprogramme auswertbar sein. Das heißt, beide müssen
den vorhandenen Anwenderprogrammen, z.B. zur Listenerstellung, zugänglich sein.

Die Syntax der Steuersprache des MEWIDASY ist dem SPSS angepaßt.
Grund hierfür war:

- Logische Integrität zwischen MEWIDASY und
  SPSS zu erzielen

- die Tatsache, daß das SPSS das bei uns am
  meisten benutzte statistische Auswertesystem
  ist

- die, verglichen mit anderen statistischen
  Auswertesystemen, relativ einfache Handhabung des SPSS

- der hohe Bekanntheitsgrad des SPSS.

III EDV-liche Begleitung einer Langzeitstudie

Im Rahmen der epidemiologischen Erforschung der Herz-Kreislauf-Er-
krankungen durch unsere Institution wird in den beiden Kleinstädten
Eberbach und Wiesloch ein Vorsorgeprojekt durchgeführt. Etwa zwei
Drittel der Bevölkerung der Bundesrepublik leben unter Bedingungen,
die zu einem wichtigen Teil mit den Gegebenheiten in Eberbach und
Wiesloch zu vergleichen sind.

Seit 1970 wird in diesen beiden Städten jährlich die Inzidenzrate
des Herzinfarktes ermittelt. Das Vorsorgeprojekt zielt letztlich auf
eine Senkung dieser Inzidenzrate. 1976 leiteten wir die systematische
Untersuchung der 30-59jährigen Bürger dieser beiden Städte ein. Dabei ging es um die Erfassung der Hauptrisikofaktoren der koronaren
Herzkrankheiten: Hyperlipoproteinämie, Hypertonie, Rauchen, Überge-
wicht, Diabetes und Hyperurikämie.

In allen verschiedenen Projektstadien muß es bei der Betreuung einer
über 10 - 15 Jahre geplanten Langzeitstudie möglich sein, die Planung
weiterer Schritte anhand der bereits vorhandenen Informationen zu beeinflussen. Zwischenauswertungen und Statistiken müssen unabhängig
vom jeweiligen Zeitpunkt anzufertigen sein. Außerdem sollte jeder an
einem solchen Projekt beteiligte Mitarbeiter in der Lage sein, sich
jederzeit zu informieren.

Da die bei interdisziplinärer Forschung mitwirkenden Personen aus
allen Fachrichtungen stammen, bleibt es nicht aus, daß sich auch
EDV-liche Laien darunter befinden. Unser Ziel war es, diesen Laien
die Möglichkeit zu bieten, selbständig die von ihnen gesammelten Informationen der Gesamtheit aller Beteiligten zur Verfügung zu stellen
und auch auf Informationen der anderen Mitarbeiter zurückgreifen zu
können.

Zu Beginn wurde die zu untersuchende Population definiert. Die Grundinformationen aller betreffenden Personen wurden uns 1975 von den Ein-
wohnermeldeämtern überspielt. Die Eingangsdaten wurden mit geringem
Aufwand in das Format des MEWIDASY transformiert (Abb. 2). Eine solche Transformation von irgendeiner uns überspielten Datenstruktur in

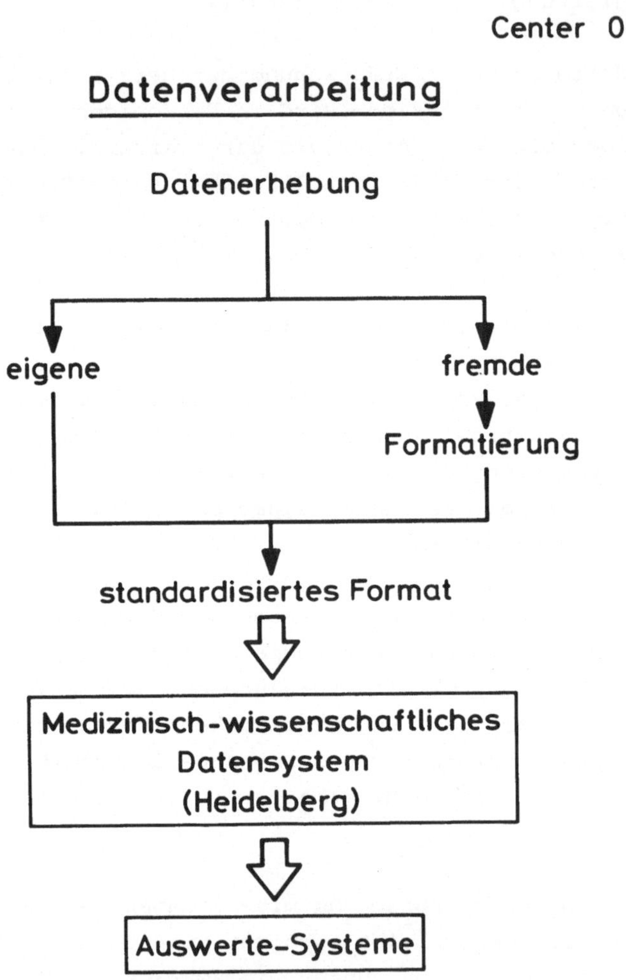

Abb. 2: Schematischer Datenfluß im MEWIDASY.

ein anderes Format wird durch leicht verständliche Kommandos der Be-
nutzersprache realisiert.

Die ersten Arbeitsgänge waren das automatische Erstellen von Register-
büchern und von alphabetisch sortierten Adresslisten (Abb. 3), damit
die betreffenden Personen angeschrieben werden konnten. Viele der

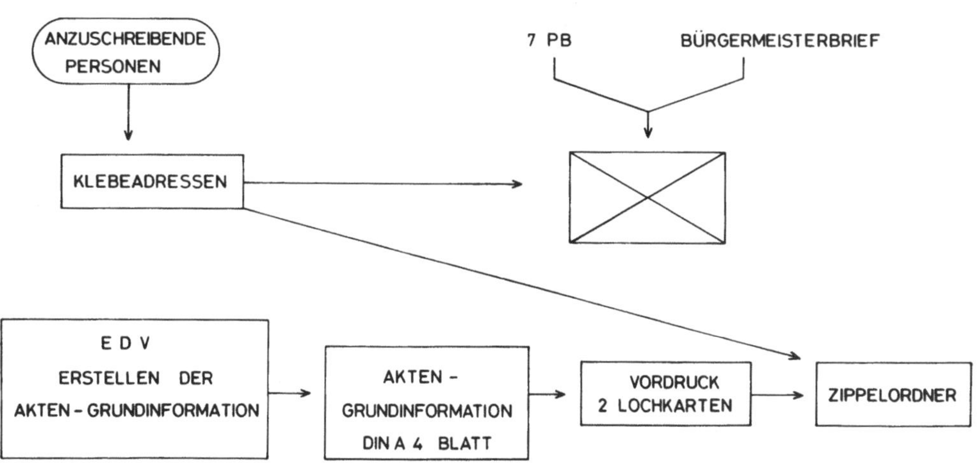

Abb. 3:   Datenaufbereitung im WHO-Herz-Kreislauf-Vorsorgeprojekt
          Eberbach/Wiesloch

durch persönliche Briefe unterrichteten Personen beteiligten sich unmittelbar. Nach erfolgter Untersuchung wurden die erhobenen Daten auf
Codierblätter übertragen und anschließend abgelocht.

Alle im Verlauf von verschiedenen Kontrollen festgestellten Fehler
und Unregelmäßigkeiten wurden protokolliert (Abb. 4). Anhand dieser

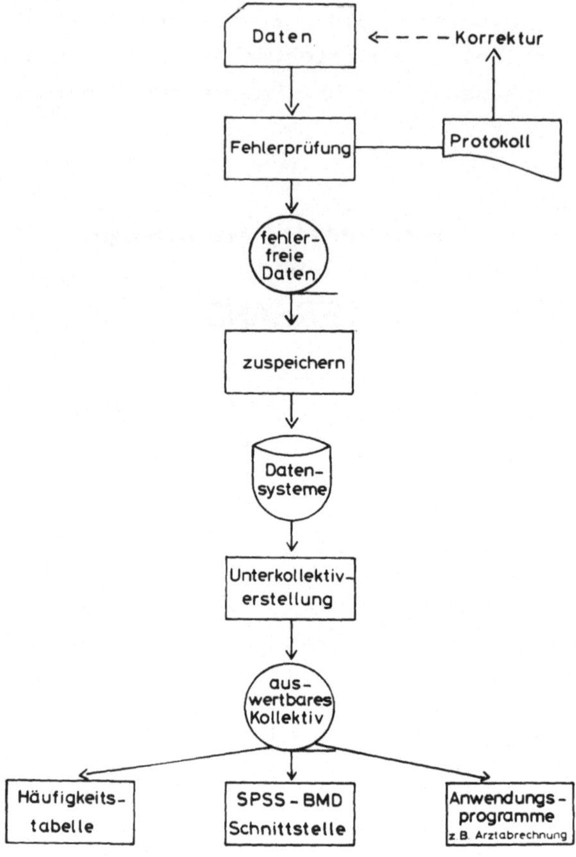

Abb. 4:   Datenverwaltung und Datenfluß im MEWIDASY.

Protokolle wurden die Fehler manuell verbessert. Nach erfolgter Korrektur wurden die Daten erneut allen Prüfungsmechanismen unterzogen, um zu verhindern, daß neue Fehler auftraten. Danach wurde die Vollständigkeit der Daten überprüft. Das heißt, vor weiteren Aktivitäten mußte sichergestellt sein, ob außer den uns überspielten Grundinformationen auch alle medizinischen Daten eines Probanden vorhanden waren. Erst anschließend wurden alle Informationen einer Plausibilitätsprüfung unterzogen.

In diesem Projektstadium sind sowohl komplette als auch unvollstän-
dige Daten vorhanden. Auch zu diesem Zeitpunkt sind simultan alle
denkbaren Vorgänge durchführbar.

So war es z.B. notwendig, Listen unterschiedlichen Aufbaus anzufertigen, um säumige Personen wiederholt aufzufordern. Dafür bietet uns
das MEWIDASY einen variablen Listengenerator, mit dem Listen jeglicher Art angefertigt werden können. Neu hinzukommende Daten wurden
durch das beschriebene Verfahren überprüft und je nach Fehlerhaftig-
keit zurückgestellt und korrigiert bzw. zugespielt.

Mit dem MEWIDASY konnte zu jedem Zeitpunkt zwischen säumigen und
bereits erschienenen Personen unterschieden werden. Sowohl über die
bereits an der Vorsorge beteiligten als auch die säumigen Personen
konnten ständig Zwischenauswertungen und verschiedene Statistiken
angefertigt werden. Die deskriptive Statistik wurde direkt über die
Datenbank erstellt. Für alle darüber hinausgehenden statistischen
Auswertungen wurden fallbezogene, rechteckige Datenmatrizen angefertigt. Diese Daten wurden an das SPSS zur Auswertung übergeben; gleichzeitig wurden alle grundlegenden SPSS-Control-Cards automatisch mit-
generiert.

IV Beispiel zur Anwendung eines Programms

Die Schnittstelle zum SPSS wird wie alle anderen Module durch
Steuerkarten gleichen Formats bedient. Die Syntax der Kommandospra-
che des MEWIDASY wurde, wie schon erwähnt, dem SPSS angeglichen. Das
Benutzerprogramm, welches die Schnittstelle zum SPSS bildet, mußte

- die DDL des MEWIDASY in die SPSS-gemäßte
  Form umsetzen,

- Dummies generieren, um der Forderung des
  SPSS nach Rechteckigkeit auszuwertender
  Dateien nachzukommen,

- bestimmte Felder anonymisieren.

Das Schnittstellenprogramm gibt Dateien aus, in denen sowohl die Rohdaten als auch die vollständige Dateienbeschreibung enthalten sind. Daran anschließend ist es einfach und komfortabel, alle
statistischen Prozeduren des SPSS zu aktivieren. Die eigentliche SPSS-
Systemfile-Erstellung wird durch die SPSS-eigene Prozedur im batch
ermöglicht. Auf diese indirekte Weise durch Rohdaten und dazu gehöri-
ger Datenbeschreibung ist ein maschinenunabhängiger Datenaustausch möglich.

Die Spalten 1 - 15 werden, wie in der SPSS-Nomenklatur, als Opera-
toren bezeichnet (Abb. 5). Ab Spalte 16 stehen die von diesem Operator verwendeten Operanden. Abb. 5 zeigt hierfür ein Beispiel:

- der Operator SPSS aktiviert die Prozedur;

- es müssen die notwendigen Ein- bzw. Ausga-
  bedateien angegeben werden;

- der Operator VARIABLEN bestimmt die Variablen, die in das Systemfile aufgenommen werden sollen. Das Schlüsselwort BIS erlaubt
  eine Zusammenfassung von Itemnummern;

- ENDE signalisiert das Ende der Prozedur.

```
1               16
SPSS
KOMMENTAR       BEISPIEL ZUR SYSTEMFILE-GENERIERUNG
TITEL           SYSTEMFILE-GENERIERUNG DER DATEN AUS PROJEKT
                001 UND 028 AUS DEN DATEIEN
                M.B94.G03.P001.WHO100.V150178 UND
                M.B94.G03.P028.VORS100.V210278
AUS2            DSN=M.B94.G02.SPSS.P001.V290678
AUS3            DSN=M.B94.G02.SPSS.SYS.P001.P028.V290678
EIN1            DSN=M.B94.G03.WHO100.V150178
EIN2            DSN=M.B94.G03.P028.VORS100.V210278
PROJEKT         001
VARIABLEN       110010 BIS 110760,110850,110870 BIS 111120/
PROJEKT         028
ENDE
```

Abb. 5:   Programmsteuerkarten am Beispiel einer Systemfilegenerierung.

In der Form des gezeigten Beispiels gibt es für jede Funktion eine
entsprechende Prozedur, z.B. zur Fehlerprüfung, zum Zuladen, zur Kol-
lektiverstellung etc. Alle möglichen Abläufe können im "Lego-Prinzip"
aneinandergereiht werden. Die diversen Prozeduren sind unmißverständ-
lich und lassen auch im Zweifelsfall keine Fehlbedienung zu. Durch
die einfache Handhabung aller Anwendungsprogramme ist die Mehrzahl
der Mitarbeiter unserer Abteilung in der Lage, selbständig die von
ihnen gesammelten Informationen der Gesamtheit aller Beteiligten zur
Verfügung zu stellen.

V   Dialog

Neben allen bereits beschriebenen Funktionen bietet das MEWIDASY die
Möglichkeit, im Dialogprinzip alle Daten in decodierter Form abzuru-
fen oder die vorhandenen Auswertesysteme interaktiv zu aktivieren.
Der interaktive Kontakt mit der Datenbank ist in jeder Phase einer
Studie möglich.

Der Dialog mit der Datenbank wird vom MEWIDASY geführt; alle Funktionen
werden in einer Menuetechnik angeboten. Dadurch wird die Kommunika-
tion mit dem Rechner auch für Laien erlernbar und leicht durchführbar.

Das beschriebene Medizinisch-Wissenschaftliche-Datensystem wurde in
den letzten drei Jahren in der Abteilung Klinische Sozialmedizin ent-
wickelt. Dazu wurde ein Rechner IBM 37o/168 unter dem Betriebssystem
OS/VS2 verwendet.

LITERATURVERZEICHNIS

1. BAUSCH, B.
   et al.:
   Praktische Erfahrungen bei der Daten-
   erfassung, -speicherung, -auswertung
   und Dokumentation in der Klinischen
   Epidemiologie.
   Statistical Software Newsletter
   Band 4, Heft 3, S. 98-1o1 (1978).

2. BEUTEL, P.,
   et al.:
   Statistik-Programm-System für die
   Sozialwissenschaften - SPSS 7.
   Eine Beschreibung der Programmver-
   sionen 6 und 7, 2. Auflage
   Fischer: Stuttgart, New York (1978).

3. MAYER, O.:
   Syntaxanalyse - Reihe Informatik/27.
   Wissenschaftsverlag: Bibliograph.
   Institut AG., Zürich (1978).

4. NIE, N.H.,
   et al.:
   SPSS - Statistical Package for the
   social sciences.
   Second Edition

5. NÜSSEL, E.,
   BUCHHOLZ, L.:
   Modellstudie zur Früherkennung von
   Risikofaktoren des Herzinfarktes.
   Med. Technik 96, 6o-62 (1976).

6. WEDEKIND, H.:
   Datenbanksysteme I - Reihe Informa-
   tik/16.
   Wissenschaftsverlag - Bibliograph.
   Institut AG., Zürich (1974).

7. WEDEKIND, H.,
   et al.:
   Datenbanksysteme II - Reihe Infor-
   matik/18.
   Wissenschaftsverlag - Bibliograph.
   Institut AG., Zürich (1976).

AUTORENVERZEICHNIS

Bausch, B.   Klinikum der Universität Heidelberg
stud. med.   Abteilung: Klinische Sozialmedizin
                                Bergheimerstr. 58
                                6900 Heidelberg

Bergdolt, H.   Klinikum der Universität Heidelberg
Dr. med.   Abteilung: Klinische Sozialmedizin
                                Bergheimerstr. 58
                                6900 Heidelberg

Bockmühl, B.   Institut für Klinische Zytologie
Dr. med.   der Technischen Universität München
                                am Klinikum Rechts der Isar
                                8000 München 80

Brecht, J.G.   Zentralinstitut für die Kassenärztliche
Dipl.-Math.   Versorgung in der Bundesrepublik Deutsch-
                                land
                                Haedenkampstr. 5
                                5000 Köln 41

Brühne, Ch.   Zentralinstitut für die Kassenärztliche
Dipl.-Soz.   Versorgung in der Bundesrepublik Deutsch-
                                land
                                Haedenkampstr. 5
                                5000 Köln 41

Buchholz, L.   Klinikum der Universität Heidelberg
Dr. med.   Abteilung: Klinische Sozialmedizin
                                Bergheimerstr. 58
                                6900 Heidelberg

Burkhardt, R.   GaW Institut für Klinische Pharmakologie
                                am Gemeinschaftskrankenhaus Herdecke
                                Beckweg 4
                                5804 Herdecke

Ebschner, H.J.   Klinikum der Universität Heidelberg
Dr. med.   Abteilung: Klinische Sozialmedizin
                                Bergheimerstr. 58
                                6900 Heidelberg

Eimeren, van W.   Institut für Medizinische Informatik und
Prof. Dr. med.   Systemforschung der Gesellschaft für
                                Strahlen- und Umweltforschung mbH
                                Arabellastr. 4/III
                                8000 München 81

Gottinger, H.-W.   Institut für Mathematische Wirtschafts-
Prof. Dr. oec. publ.   forschung der Universität Bielefeld
                                Universitätsstrasse
                                4800 Bielefeld 1

Gutsch, J. Dr. med.	GaW Institut für Klinische Pharmakologie am Gemeinschaftskrankenhaus Herdecke Beckweg 4 5804 Herdecke
Habbema, J.D.F. Ph. D.	Erasmus Universität Dept. of Public Health and Social Medicine P.O. Box 1783 Rotterdam/ Niederlande
Holstein, H. Ing. (grad.)	Zentralinstitut für die Kassenärztliche Versorgung in der Bundesrepublik Deutsch- land Haedenkampstr. 5 5000 Köln 41
Jesdinsky, H.J. Prof. Dr. med.	Institut für Medizinische Statistik und Biomathematik Med. Einrichtungen der Universität Düssel- dorf Moorenstr. 5 4000 Düsseldorf
Jong, G.A. de drs.	Erasmus Universität Dept. of Public Health and Social Medicine P.O. Box 1783 Rotterdam/ Niederlande
Keding, G. Dr. med.	Sozialministerium Niedersachsen 3000 Hannover
Keil, U. Dr. med.	Institute of Epidemiology Chapel Hill, N.C. U.S.A.
Kienle, G. Priv. Doz. Dr. med.	GaW Institut für Klinische Pharmakologie am Gemeinschaftskrankenhaus Herdecke Beckweg 4 5804 Herdecke
Kremer, H. Dr. med.	Medizinische Poliklinik der Ludwig-Maximilians-Universität Pettenkoferstr. 8a 8000 München 2
Künnemann, W.	WKW Münster Ges. für Marketing Kommunikation & Co. Sentmaringerweg 61 4400 Münster
Kurz, E. stud. med.	Klinikum der Universität Heidelberg Abteilung: Klinische Sozialmedizin Bergheimerstr. 58 6900 Heidelberg 1
Lüdke, H.-W. Dr. med.	Alemannenstr. 70a 7800 Freiburg
Maas, P.J. van der Dr.	Erasmus Universität Dept. of Public Health and Social Medicine P.O. Box 1783 Rotterdam/ Niederlande

Morgenstern, W.   Klinikum der Universität Heidelberg
stud. math   Abteilung: Klinische Sozialmedizin
                               Bergheimerstr. 58
                               6900 Heidelberg 1

Nüssel, E.   Klinikum der Universität Heidelberg
Prof. Dr. med.   Abteilung: Klinische Sozialmedizin
                               Bergheimerstr. 58
                               6900 Heidelberg 1

Oortmarssen, G.J. van   Erasmus Universität
Dr.   Dept. of Public Health and Social Medicine
                               P.O. Box 1783
                               Rotterdam/ Niederlande

Rechenberg, H. von   Institut für Biochemie und Endokrinologie
Dipl. Phys.   des Fachbereichs Veterinärmedizin
                               Abt. Biomathematik
                               Universität Giessen
                               Frankfurter Str. 100
                               6300 Giessen

Scheidt, R.   Klinikum der Universität Heidelberg
stud. med.   Abteilung Klinische Sozialmedizin
                               Bergheimerstr. 58
                               6900 Heidelberg 1

Schmoll, H.J.   Dept. Innere Medizin - Hämatologie
Dr. med.   Medizinische Hochschule
                               Karl-Wiechert-Allee 9
                               3000 Hannover 61

Schreiber, M.A.   Institut für Med. Informationsverarbeitung,
Dr. med.   Statistik und Biomathematik
                               der Ludwig-Maximilians-Universität
                               Marchioninistr. 15
                               8000 München 70

Schwartz, F.W.   Zentralinstitut für die Kassenärztliche
Dr. med.   Versorgung in der Bundesrepublik Deutsch-
                               land
                               Haedenkampstr. 5
                               5000 Köln 41

Zock, H.   Institut für Medizinische Informatik und
Dipl. Math.   Systemforschung der Gesellschaft für
                               Strahlen- und Umweltforschung mbH
                               Arabellastr. 4/III
                               8000 München 81

Bio-mathematics

Managing Editors: K. Krickeberg, S. A. Levin

Forthcoming Volumes

Springer-Verlag
Berlin
Heidelberg
New York

Volume 8
A. T. Winfree

The Geometry of Biological Time

1979. Approx. 290 figures. Approx. 580 pages
ISBN 3-540-09373-7

The widespread apperance of periodic patterns in nature reveals that many living organisms are communities of biological clocks. This landmark text investigates, and explains in mathematical terms, periodic processes in living systems and in their non-living analogues. Its lively presentation (including many drawings), timely perspective and unique bibliography will make it rewarding reading for students and researchers in many disciplines.

Volume 9
W. J. Ewens

Mathematical Population Genetics

1979. 4 figures, 17 tables. Approx. 330 pages
ISBN 3-540-09577-2

This graduate level monograph considers the mathematical theory of population genetics, emphasizing aspects relevant to evolutionary studies. It contains a definitive and comprehensive discussion of relevant areas with references to the essential literature. The sound presentation and excellent exposition make this book a standard for population geneticists interested in the mathematical foundations of their subject as well as for mathematicians involved with genetic evolutionary processes.

Volume 10
A. Okubo

Diffusion and Ecological Problems: Mathematical Models

1979. Approx. 114 figures. Approx. 300 pages
ISBN 3-540-09620-5

This is the first comprehensive book on mathematical models of diffusion in an ecological context. Directed towards applied mathematicians, physicists and biologists, it gives a sound, biologically oriented treatment of the mathematics and physics of diffusion.